美食魂

全世界都是我的餐桌

FOOD AWAKENS MY SOUL

褚士瑩

序

食物是一間充滿記憶的老房子

褚士瑩

我跟世界的關係，建立在對兩類事物的深愛基礎上，其中一個是建築，另一個就是食物。

建築代表著不同時代的人，生活的記憶。比如我長年在緬甸工作，每次去中緬甸的古城蒲甘，無論多少次騎著腳踏車，還是坐在馬車上，穿梭在幾千座上千年的佛塔之間，心底都會深深震動著。蒲甘王國在十四世紀已經從地理版圖上消失，當年在此建塔祈福的各國商旅，連白骨都沒有留下，但北印度式的佛塔旁邊還矗立著古式圓頂塔，中印度式旁邊坐落著的可能是僧伽羅式塔，而南印度式的佛塔旁則是蒙鎮式的。不同的時代，不同的心願，在這裡交會，唯一留下的痕跡，就叫做建築。

蒲甘王國從全盛時期超過五千座佛塔，因爲時間的風化、蒙古忽必

烈的入侵、一九七五年的大地震、宗教人士的重新裝修，現在只剩下兩千兩百一十七座，不到原本的一半。驃族人（Phyu）的歷史也不能重來，只能在土地上慢慢風化，消失。這樣的興起與消失，就是自然的一部分。

食物也是如此。

泰國華人的冰黑咖啡叫做โอเลี้ยง（發音是o-liang），其實就是潮州話裡的「烏涼」二字，咖啡裡面要加上黃豆、芝麻、玉米在棉布袋子裡混煮，有時還加煉乳。但如今來自福建潮州的年輕一輩背包客大學生，可能從小就是喝美式的星巴克咖啡長大，這一杯烏涼在故鄉，恐怕早已成爲絕響。到曼谷旅行的時候，在路邊攤意外地與一杯「烏涼」相遇，雖然這年輕人毫不知情，但在這一刻，他的味蕾跟一、兩百年前的潮州老祖宗，突然穿越時空在那一瞬間交會了。

食物會永不停止地在傳承中改變細節，就像建築雖然表面上靜止在同一個空間，卻因不斷被不同的人作爲不同的用途，而呈現出完全不同的樣貌。

記得我在上海工作的時候，住在法國租界區的巨鹿路上，住屋旁邊

就是一間叫做「馬勒別墅」（Moller Villa）的衰敗建築。這間掛著陝西南路30號門牌的房子，是一九二六年瑞典裔猶太富商馬勒，按著他最寵愛的小女兒的夢境所設計，一棟有著一百〇六個房間的花園別墅，一九四一年大平洋戰爭爆發，馬勒一家被日本人趕進集中營，別墅就成了日軍俱樂部。抗戰勝利後，變身成國民政府的情報機構。一九四九年上海被中共占領後，馬勒別墅又成了中國共青團上海市委所在地，一直到我在上海的時候，荒煙蔓草的大門上還掛著共青團的突兀招牌，院子裡晾著守衛跟住戶的破爛衣裳。我離開上海之後，念念不忘這棟被世人遺忘的美麗老宅，幾年後再回去，驚喜地發現這棟屋子不但入選上海市優秀歷史建築，還成了身價不凡的精品酒店，一整個貴氣逼人，讓經過的路人自慚形穢。

這棟屋子，自從竣工之後從來沒有改變，只是使用它的人改變了，因此呈現出完全不同的樣貌。

建築像景觀，是一種看得見的愛。

那些幸運得到愛的建築，得以保存與歌頌。

有些不幸運的建築，則因爲恨，被摧毀與拆解。

但是無論愛與恨，都是生命非常眞實赤裸的一部分。建築的保留與消失，也是反映人類思考方式的眞實展現，沒有對錯，只有輸贏。

建築，何嘗不是食物味道的一種隱喻？

透過記憶中的味道，人類記錄著口味、還有時代的改變，有時變甜變薄，有時變大變小，有時被遺忘打入冷宮，有時卻又被莫名捧上天——那些我們無法用理性說明的事。

每當我的舌尖有幸與不同起源的食物相會，靈魂與不存在的時代建築交會的剎那，我都會記得需要有多少的愛跟多少的巧合，才能造就我們如此幸運的相逢，一期一會，一日一生。

如果說建築與美食，是人類心靈與記憶跨越時空的交會，我的人類學家朋友，應該不會反對才是。因爲每一道食物，都是隱藏著一百〇六個房間，充滿各種深邃記憶與祕密的老房子。

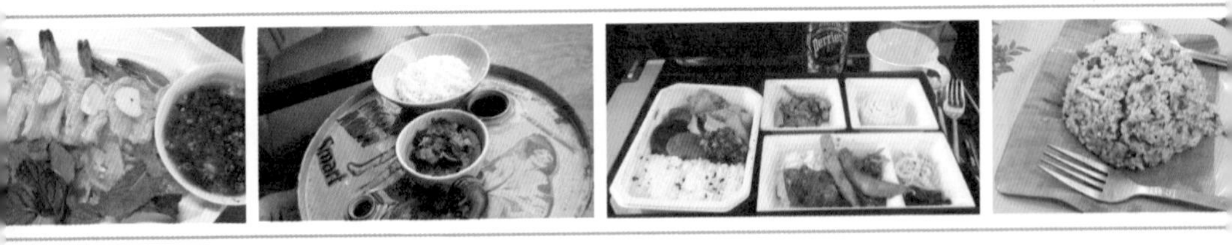

目錄

序 食物是一間充滿記憶的老房子

Part 01 美食魂：是對食物沒有偏見的人。

Part 02

美食魂：是對食物懂得節制的人。

Part 03

美食魂：用自己喜歡的方式享受食物的人。

Part 04

美食魂：是對食物勇於嘗試的人。

美食魂

是對食物沒有偏見的人。

Part 01

01 曇花奶昔

我喝過一杯曇花奶昔，
那是我喝過最特別的東西。
但請別要我描述，
因為我完全無法形容曇花奶昔的味道……

很多人問我，走遍世界各地，吃過的東西印象最深刻的是什麼。
我想了很久，想不出答案。
然後有一天深夜，我睡不著躺在床上，腦海在黑暗中突然浮出一朵花。
是曇花。

對了，我喝過一杯曇花奶昔。那是我吃過最特別的東西。但請別要我描述，因爲我完全無法形容曇花奶昔的味道。

雖然說不出曇花奶昔的味道，卻可以說出那個晚上所有的細節、燈光、氣味、對話，還有深沉的情緒。

那夜，我帶著美國來台灣訪問的教授朋友Larry到土城，做一個特別的家庭訪問。

我當時以志工的身分，協助三十年來在台灣爲失智症患者的家庭提供支持的「康泰醫療教育基金會」，訪談在台灣各種類型的失智症病患家屬代表，想要整理出一套適合台灣家庭現實的照護指南。所以趁著每三個月一次回台灣出差的時間，走訪全台灣，去了一些我從來不會去的角落，見了一些我永遠不會認識的朋友。

那個晚上，我們去台北土城拜訪的是麗珠。

麗珠的母親在十幾年前，被診斷出罹患失智症，當時剛從瑞芳搬家到土城，原本熟悉的環境突然改變，對於失智病人來說非常難以適應。家人開始在廚房的米甕裡面找到金飾，在房間裡發現長滿霉的年糕，衣櫥裡的蘋果，用布緊緊纏起來的錢，甚至每天傍晚開始嚷著要找早就已經去世的媽媽，這些讓人頭疼的事情越來越嚴重。漸漸地，米甕裡面發現的不再是金子，而是大便，也因爲出去買東西不付錢，被鄰居當成瘋子看，接著甚至時常走失，一開始把家裡電話繡在衣服上面，勉強又將母親留在家裡三年多，但後來已經到了麗珠必須正視沒有能力可以在家照顧失智母親的殘忍現實。

「最後一次，母親帶著形影不離的愛犬出門，走失了整整四天。」麗珠趁著大腹便便的女兒跟女婿外出做產檢時，跟我們兩個坐在客廳裡追憶當時的情景，傳統的台灣客廳木桌椅，頭頂上白晃晃的日光燈，讓人有些暈眩。「我完全無法想像，這四天母親到底過著什麼樣的生活？發生了什麼事？媽媽怎麼解決她自己跟狗塡飽肚子的問題？這次還好有找到，但下次如果沒有這麼幸運，那該怎麼辦？」

就這樣，麗珠的母親終於進到安養中心。與母親形影不離的愛犬，也就這樣在安養機構的門口坐了三天三夜不肯離去，這份強烈的不捨，狗尚且如此，更何況是家人？「我想照顧妳，可是我已經沒辦法了。」

一開始麗珠每天早上一醒來就以淚洗面，但是終於學會了釋懷。

因爲這次，全家人都明白，如果不捨得這麼做，後果將會不堪設想，心理壓力這麼大，家庭甚至也會因此破碎也說不定。

從那一天到我們訪談的晚上，已經過了九年，母親已經進入極重度失智階段。麗珠回想起來，覺得還好當時果斷做了這個困難的決定，幫助母親延緩退化，因此能夠過更久、更有品質的生活，也挽回了跟家人間的感情。

「妳怎麼確定什麼時候才是最好的時間點呢？」我的記憶也翻攪著，回到當年決定將失智的外婆送到安養機構的掙扎。

「我不知道。」麗珠那跟年齡不合的純淨眼神直直看著我，好像看進了我的靈魂。「重要的是，我學會放過自己。」

直到母親最後從安寧病房回到瑞芳老家安詳辭世為止，這十二年以來，麗珠定期到機構探視母親，多出來的時間，麗珠在失智症相關的病房跟機構擔任志工，用自己的親身經驗還有多年來學習的專業知識，提供給剛被診斷出失智症的病患跟家屬，讓他們也能夠慢慢平靜下來，一起走出猶如晴天霹靂的震撼。她不只幫助生病的母親，幫助自己，也幫助自己的家人，後來更幫助了很多患者的家庭，還因此可以在安養機構，教那些住在機構的失智患者插花。

一講到插花，嬌小的麗珠想到什麼似地突然站起來，從桌子底下拿出大剪刀，將Larry和我嚇了一跳。麗珠無視我們的反應，逕自走到陽台「喀嚓！喀嚓！」剪了幾枝曇花，加了鮮奶後啓動果汁機，聲音大得掩蓋住我們的對話，掩蓋住黑夜，掩蓋住悲傷。

猶如深淵的黑暗裡，一朵朵兀自綻放的曇花，有一種淡淡愁緒的幽香。美麗的曇花，在利刃的攪動中，慢慢地化成了白色的泡沫。

「母親是我與家人激烈爭吵後才入住機構的，當時身心俱疲的我，每日總是不由自主地流淚，自責未能好好照顧媽媽，擔心她是否適應，能不能得到好的照護，母親會不會覺得被我遺棄？太多不好的情緒湧入心頭。」麗珠若無其事地將兩杯曇花奶昔裝在透明的玻璃杯裡，遞給我們一人一杯，好像那是再普通不過的白開水似的，連解釋都沒有。

「直到第一次到機構探望她才稍稍寬心，她一切都好，還在機構中交了新朋友。雖然我離開時心裡還是難過，妹妹說最起碼不會再走丟了。媽媽在機構是安全的，也許這點是讓我能接受的，我也依然如候鳥般，定時到高雄陪伴她。」

我們的對話陷入沉默。瞪著剩一點白色泡沫的杯子一會兒之後，我們起身告辭。

那一杯我無法形容味道的曇花奶昔，就這樣深植在我的記憶深處，跟著那一夜空氣中浮動的暗香、白色的日光燈、滿月的夜色、郊區的狗吠，攪拌在一起，久久讓人難以忘懷。

曇花奶昔，成爲我吃過最特別的東西，但我卻絲毫無法形容曇花的味道，或是曇花奶昔究竟好不好喝，眞的一點都不記得，也不覺得那有什麼重要。

但是那一夜開始，我開始了一趟特別的味覺旅程，開始關注所吃的每一口食物，如何將我的生命、跟另一個人的生命故事，串連在一起。

這是我的好朋友 Larry，一個波士頓大學的教授。曇花比一個人的頭還大，而且還是個頭很大的人。

曇花奶昔是一種說不出味道的東西，但我卻能夠清楚說出那個晚上所有的燈光、對話、情緒。

02 世界上最好喝的奶昔

我幾乎每年都可以去巴西和印尼喝上一杯，這大概就是所謂旅行者的特權。

曇花奶昔特別，但是談不上好喝。所以，怎樣的奶昔才算好喝呢？

我心目中全世界最棒的兩家奶昔店，幾乎位在地球的兩個對應點（antipode），一個在巴西的里約熱內盧，另一個在印尼的峇里島。兩個地表上距離最遙遠的地方，兩個美麗的海邊，吸引著來自世界各地的弄潮人，但這兩家店的老闆卻可能一輩子永遠不會相見，也不知道彼此的存在。幸運的是，我幾乎每年都可以去這兩個地方喝上一杯，這大概就是所謂旅行者的特權。

里約那一家，在著名的伊帕內瑪（Ipanema）海灘旁邊一條巷子後面的繁忙街角，叫做「Polis Sucos」，每天從早上七點就開門，會一直門庭若市忙到半夜十二點打烊。如果說義大利每個街角都找得到一家咖啡館的話，那麼巴西的每個街角就有一間果汁店，有些甚至每天二十四小時營業，全年無休，櫃檯後面會像壁紙那樣，將新鮮的水果排列成壯觀而誘人的陣仗。

我每天總要在誘人的土芒果、沒有經過品種改良的甜美小釋迦、長在棕櫚樹上的阿薩伊漿果（或稱巴西莓，acai berry）三種水果奶昔中做出困難的選擇。

最後，我只好讓時間來決定。

一大早起來，一杯抗氧化成分超高的阿薩伊漿果加美式燕麥片（granola）奶昔，就是完美的早餐。美式燕麥片跟瑞士燕麥片（muesli）成分基本一樣，都是在燕麥片中加上一些果仁或種子、乾果，有時也含小麥片或其他穀物。只是喜歡重口味的美國人不喜歡吃沒味道的東西，所以習慣添加糖及油，然後加熱烘烤，變得脆脆甜甜的，可以直接當零食吃；瑞士人比較崇尚自然，所以就直接吃看起來像是羊飼料的燕麥片（嗎？）。

在里約的奶昔店，點阿薩伊漿果奶昔時可以選擇把美式燕麥片最後加在上面，或是直接倒進果汁機裡跟著漿果一起打碎。通常我會選擇後者，除了早晨睡眼惺忪，覺得只要一根湯匙不花力氣、不用咀嚼就可以把像冰沙般的營養早餐吃完，很像給成年人的嬰兒食品之外，主要是這杯奶昔裡阿薩伊漿果跟麥片沙沙的口感，會讓人想起伊帕內瑪海灘。

深沉的太平洋，捲動著貝殼細沙，化成綿密的泡沫，每一口，我可以在舌尖品嚐到全世界最美麗的沙灘。

習慣了每天早上可以喝到豪邁的阿薩伊漿果，每當到紐約或是倫敦，做作的高級酒吧號稱有「阿薩伊漿果莫希托」（mojito），看到調酒師穿著雪白襯衫、打著領結，還故意捲起一截袖子露出昂貴的刺青，煞有介事地在傳統的古巴高球雞尾酒中，也就是在一杯淡蘭姆酒、白砂糖（更做作一點的用甘蔗汁）、萊姆汁、蘇打水和新鮮薄荷連枝帶葉中，好像黃金般液體小心翼翼地加入幾滴阿薩伊漿果的濃縮果汁時，就覺得還是里約街頭穿著挖洞背心、海灘褲、巴西夾腳拖，腳指縫裡還有細沙的店員做出的阿薩伊漿果奶昔，才是王道啊。

至於在海灘玩了一天回家的路上，夕陽西下時再度經過Polis奶昔店，當然就要來一大杯甜蜜蜜的土芒果奶昔。

至於味道清甜偏淡的釋迦，最適合吃完巴西烤肉的深夜，沿著長長的沙灘散步回家的路上時，邊走邊喝，將濃重的各種烤肉調味料味道，還有熙來攘往的聲色犬馬，都一口一口地沖

巴西里約海邊隨處可見的果汁店，二十四小時用巴西莓、新鮮水果汁、水果做成的起士蛋糕，餵養著整個城市。

淡，只留下些微的冰涼甜氣。抬頭一看，山頂上象徵著里約的巨大白色基督像，正張開雙臂，將整個城市的歡喜與悲傷，通通攬入懷中，讓人只想像一個嬰孩那樣，蜷曲在這溫暖帶著鹹味的海風當中，沉沉睡去。

至於在地球另一端的峇里島，和里約的伊帕內瑪同享盛名的庫塔海邊，找到那條狹窄的Benesari街往裡走，會看到29號那個綠色的大門，上面用樸拙的油漆手寫著奶昔店的店名「Fruits from Paradise」（來自天堂的水果）。老闆是一個瘋瘋癲癲的好女人，叫做露絲（Ruth），雖然她是土生土長的印尼人，露絲小姐豐滿的身上永遠穿著稍嫌太薄太透明的T恤，頭上綁著彩色蠟染頭巾，每次只要看到我，就會用巴西人才會有的熱情音量跟擁抱迎接。

最神奇的是，她總是可以用那些看起來快要爛掉的過熟水果，像是巫婆般東加一點西加一點，最後變成一杯世界上最好喝、最濃郁的奶昔。或許是露絲小姐對宗教的狂熱，她眞心眞意相信水果是神愛世人的直接證據，讓她的奶昔變得特別充滿愛。

年復一年，我發現一個規則，露絲小姐只要去教堂，店面就會無預警地拉下來。偏偏她在教會非常活躍，而且每次只要上教堂都會華服盛裝打扮，好像要上台演唱的巨星，跟平常賣果汁的時候完全不一樣。三天打魚兩天曬網，所以她的水果常常會賣到快爛掉，也因爲這樣，她總是想辦法在一杯果汁裡擠進最多最熟的水果，於是這成了她的瘋狂果汁特別好喝的原因。

當然紅色的火龍果跟好像不用錢的煉乳，大概跟這杯粉紅色奶昔特別甜蜜濃郁也有不可分的直接關係。

「我一年才來一次，可是妳常常沒開門！」我曾經在連續吃了兩次閉門羹後，在臉書上私訊她。

「你在哪裡!!等等我!!不要走!!現在就來開門!!我要你喝來自天堂的水果!!全峇里島……喔，不!!全地球最好喝的奶昔!!」沒想到每一句話都充滿兩個以上驚嘆號的露絲小姐盛情堅持，接著眞的就騎著她的摩托車不知道從哪裡飛奔而來，非常俐落地開門，立刻選了十幾顆熟到快要爛掉的水果，一面唱著自己編的水果歌，一面開始變魔法。打完的果汁用紗網濾過一次又一次，最後變出一杯濃縮到可以當作膠水那麼黏的粉紅色水果奶昔，最上面還用煉乳畫了一個愛心。

你怎麼能夠不愛上瘋狂露絲小姐的愛心奶昔！

到了日本超級市場貨架上的巴西莓。

峇里島的奶昔。

峇里島的瘋狂露絲小姐。

03

巴西沒有美式咖啡

只想在原產地嚐一嚐巴西咖啡的美好原味，為什麼那麼難！

我喜歡的巴西，跟我長住的美國，顯然不是好朋友。

持有美國護照的人，幾乎到世界大多數國家都不需要簽證，只有去巴西是少數的例外，而且簽證費還超貴！巴西領事館人員只是聳聳肩，用軟軟甜甜的巴西式葡萄牙語說：「以其人之道，還治其人之身。」（咦？那明明不是朱熹說的嗎？）因爲巴西作爲南美洲暢行無阻的大國，對於美國人歧視巴西護照持有者的政策很不以爲然（其實巴西人不知道的是，美國應該是歧視所有非美國人吧？）

巴西作爲一個世界最有名的咖啡產國，我又是一個喜歡喝咖啡，每天都要喝無數杯黑咖啡的人，自然對於到巴西喝產地咖啡充滿了期待。

萬萬沒想到，我走進里約的咖啡館，理所當然地點了「美式咖啡」（Café Americano）時，店員卻用空洞的美麗眼睛望著我。

咦？聽不懂嗎？

無奈之下，我點了拿鐵。可是巴西就像許多幅員廣大的開發中國家，因爲冷藏運輸技術跟設備有限，價格又高，所以通常都喝不到鮮乳，而用保久乳取代，風味自然差了一截。

隔天我換了一家，又試著點了美式咖啡，果不其然又失敗了。雖然如此，卻喝到了巴西最典型的Cafézinho，就是濃縮咖啡跟蔗糖幾乎一比一比例的特甜特濃咖啡。當地的自助餐館，通常會在櫃檯結帳的地方放上一壺，等著排隊買單的時候，順便喝一杯，一整個提神醒腦。

只想在原產地嚐一嚐巴西咖啡的美好原味，爲什麼那麼難！

就這樣，一、兩個禮拜過去了。突然有一天，我在同一家咖啡店裡，無奈地喝著卡布奇諾的時候，忽然看到鄰桌的當地人，不就正在喝我夢寐以求的美式咖啡嗎？

我立刻從位子上彈起來，跑到櫃檯前跟坐在高高的玻璃櫃檯後面的收銀員，踮著腳仰著頭，像一個氣急敗壞的小男孩那樣，指著客人的那杯咖啡說：「那就是我要的啊！」

在巴西很多傳統的咖啡館，要先到收銀台去付錢，拿到收據才跟櫃檯後面的服務人員點餐，所以要吃喝什麼都得先想好，不能想到什麼點什麼。這點對於葡萄牙語不行的外國人來說，實在非常吃虧，因爲實在很難形容我想吃、又不知道叫做什麼的傳統糕點，只好很丟臉地開始比手畫腳，我懷疑巴西人根本是故意的啊！看外國人紅著臉掙扎、氣急敗壞的樣子肯定很有趣。

收銀員嘆了一口氣，從玻璃櫃檯後面走出來，我才發現原來她這麼矮。所有在我後面排隊的人，無奈的眼光也隨著收銀員到我手指的那張餐桌鑑定了一眼，收銀員挑了一下眉毛說：

「Café Carioca！」

這什麼鬼！在世界各地的咖啡館，只要說「美式咖啡」一定可以輕易喝到一杯加了熱水的濃縮義大利咖啡，唯一的例外是仇美到了藝術化的巴西，竟然把美式咖啡稱作「里約人咖啡」（Café Carioca），完全是爲了挑起民族仇恨來著。

折騰了半天，我終於喝到原汁原味的黑咖啡，心滿意足地拿起杯子，充滿期待地啜了一口。

「嗯。實在不怎麼好喝。」

後來我才知道，原來巴西的好咖啡都出口，至於約有五分之一品質不佳，沒有辦法出口的瑕疵豆，就變成巴西國內市場內銷，成爲巴西人每天在喝的咖啡。所以如果什麼都不加的話，就會喝出劣質咖啡的原味。

「我眞的是大傻瓜！爲什麼旅行擴展生命經驗的同時，卻將自己的味覺經驗，鎖在一杯自己熟悉的美式咖啡裡呢？」

在里約，還是要在平民化的科帕卡瓦納（Copacabana）細白沙灘上，光著腳，背著兩個保溫瓶，一壺是瑪黛茶（Mate），一壺是甜死人不償命的Cafézinho咖啡，先喝一小杯瑪黛茶，再喝一小杯Cafézinho，才是正港巴西的味道啊！

巴西小餐館都有濃縮的咖啡，吃飽飯後自己倒上一杯，因為最好的咖啡豆出口了，只有次等的咖啡留在國內自用，只好加進很多的砂糖，才能變得順口，但是久而久之，也成了文化的一部分。每個巴西人都會一飲而盡，作為一頓飯的美好結束。

04 新加坡沒有黑咖啡

就像在巴西一樣，在新加坡傳統咖啡店的終極挑戰，就是成功點到一杯簡簡單單、什麼都不加的黑咖啡。

至於我是怎麼喜歡上喝咖啡的，可能要追溯到高中時有段期間在新加坡當交換學生。住過新加坡的人，大概都對於大多數人居住的巨大組屋樓下的小店鋪印象深刻。在便利商店、連鎖超市、星巴克還沒有鋪天蓋地的時代，這些各司其職的無名小店，就要負責餵養整棟組屋每天進進出出幾千個各種年齡層華人、馬來人、印度人的各種需要。

相當於一整個歐洲小鎮人口的每一棟組屋，樓下的小鋪子當中，肯定會有一攤賣涼水的Kopitiam（咖啡店）。

習慣進出西式Café（咖啡館）的人，剛開始肯定會覺得新加坡的Kopitiam（咖啡店）表面上雖然都是賣咖啡，其實根本完全是兩個平行世界。

Café的世界裡，咖啡的種類基本上按照沖泡方式分類，區分成義大利濃縮咖啡、咖啡壺煮的濾泡咖啡兩大類。做作一點的加上手沖、冰滴、虹吸，結果都是將萃取出來的黑咖啡，再各自按照加牛奶的方式跟冷熱做成各種變化，至於加不加糖、加多少這件事，主要是喝的人自己決定。

如果不提巴西，在義大利或歐洲有些鄉下，有些咖啡館老闆或許會面帶不屑地給堅持要點「美式咖啡」的外國人，一杯正常的濃縮咖啡跟一杯熱開水，完全就是「我不認同你，但你付錢是大爺，既然這麼沒品，那就『自己的咖啡自己毀』吧！別想讓我幫你。」的調調，不過被翻白眼卻還是喝得到。

在新加坡組屋Kopitiam喝咖啡的邏輯簡單整理如下：

Kopi：是咖啡的基本款。黑咖啡加煉乳。

Kopi-O：咖啡「黑」，咖啡只加糖不加奶。

Kopi Kosong：黑咖啡裡的煉乳改成奶水（絕對不是鮮奶！），但是不加糖。

Kopi-C：咖啡Kosong加糖。

Kopi Poh：咖啡「薄」，就是稍微淡一點。

Kopi Gau：咖啡「厚」，稍微濃一點。

Kopi Peng：咖啡「冰」，就是冰咖啡。

所以如果要點一杯超複雜的組合很簡單，想喝超濃的冰咖啡加奶水又加糖，只要說「kopi-C gau Peng」，但順序要對，因爲咖啡是有自己的文法的，如果說反了，老闆就會聽不懂！

就像在巴西一樣，在新加坡傳統咖啡店的終極挑戰，就是成功點到一杯簡簡單單、什麼都不加的黑咖啡。

因爲Kopi-O雖然是福建方言加上馬來語的「黑咖啡」，卻不是我想要的無糖黑咖啡。自作聰明用英語說Black Coffee，無論是華人、馬來人、或是印度人的老闆，都會像看到飛碟一樣，呆呆張開口瞪著你，望著眼前的各種咖啡道具，束手無策地說：「沒有這種東西啊！」

但是很快地，我學會了要說「那給我一杯Kopi-O不加糖。」老闆就會突然聽懂了。

雖然懂，卻不代表老闆能認同。他大半還會嘟囔著加上一句——

「不加糖怎麼喝！」

但是後來星巴克進駐星馬泰以後，大家都學會說「星巴克語」，我的生活品質也因此大幅提高。現在的我，甚至可以在泰國的傳統菜市場裡，對著用紗布跟空煉乳罐頭煮咖啡的老婆婆說：「Americano-yen（เย็น）。」

不用特別交代不加糖，也可以輕輕鬆鬆喝到冰美式咖啡。只能說邪惡的國際連鎖事業，其實也是有下達民間最基層的教育功能啊！

05 青檸咖啡

「一杯不加糖不加檸檬的黑咖啡」根本是緬甸鄉下人無法理解的概念。

說來慚愧，在沒有星巴克的緬甸鄉間做社區工作，每天最痛苦的時刻，竟然是想喝好喝的黑咖啡卻喝不到的時候。

緬甸雖然生產咖啡，一般人也有喝咖啡的習慣，但因長途交通運輸不方便、食物保存技術也欠缺，所以當地人口中的咖啡，一律是本土品牌超難喝的三合一咖啡。高級一點的，從泰國邊境走私，但是既然在泰國都不喝了，沒道理付高昂的代價在緬甸喝。

我工作過十年的有機農場，位在緬甸撣夷自治區北方，在所謂的「毒品金三角」區域之中，距離緬甸咖啡豆的生產地「眉苗」（Maymyo）不算太遠，大概開車五、六個小時左右的距離。當地莊園生產的，不是高品質的阿拉比卡咖啡，而是產量大、品質較低，通常只拿來做三合一咖啡的羅布斯塔，有少量會流到附近的市面。眉苗鎮上有幾家印度人開的咖啡鋪子，每次我從瓦城機場，開山路前往工作的農場時，總會特意在鎮上停一下，點一杯「眉苗咖啡」，享受一杯新鮮現煮的咖啡。尤其好幾個星期沒有喝過新鮮咖啡，喝第一口的時候，雖然滿口都是咖啡渣，感動得眼角泛淚絕對非筆墨所能形容。

我工作時居住的城市臘戍，位居走私中國貨物的必經要道，從鴉片膏到機車的排氣管，可以說什麼都買得到，唯獨新鮮咖啡卻一杯難尋。

唯一有固定賣新鮮咖啡的，是一家四合院裡的小奶茶館，店名是「Easily」。可惜眉苗運來的咖啡豆，因爲品質低劣，當地濕氣重，又沒有任何恰當的保存方式，眞應了所謂先天不足、後天失調，所以標準喝法是加很多砂糖，然後在超甜的黑咖啡裡擠半顆新鮮檸檬。

很多人以爲檸檬咖啡是吃貨才懂得點的潮貨，因爲在台北東區，人稱「蒼蠅哥」的型男主廚Fly開的一家「Fly's Kitchen」，招牌之一就是號稱「西西里冰咖啡」的檸檬冰咖啡，用義大利illy咖啡，與糖、檸檬汁、冰塊一起放入雪克杯後搖製而成。追尋美食的台北人趨之若鶩，覺得跟店裡的招牌肉桂卷配著吃，簡直就是絕配。

有趣的是，特地帶我去蒼蠅哥那裡喝檸檬咖啡的，正是一個從小生長在擺夷自治區，後來搬到台北的緬甸朋友。

我不好意思說出來的內心旁白是：「我不是愛喝檸檬咖啡，而是因爲擺夷的咖啡不加檸檬不加糖，簡直不能喝啊！好好的義大利咖啡豆卻這麼喝，不是糟蹋了嗎？」

我去過義大利南部的西西里不知道多少次，但從來沒喝過這種加了檸檬的西西里咖啡。不過就像波士頓沒有波士頓派，法國的沙拉沒有法式沙拉醬一樣，這種加了地名的食物，通常都大有蹊蹺。

第二次世界大戰的時候，義大利濃縮咖啡旁邊附一片檸檬皮，並不是用來吃的。據說是因爲當時戰爭中的義大利缺乾淨的清水，不能浪費水洗杯子，所以上一個客人喝過的杯子，就將檸檬皮廢物利用，拿來擦拭杯緣，把前一個客人的口水擦掉，這樣就算乾淨，再給下一個人用。

有些美國人後來刨檸檬皮放進咖啡裡，原因跟緬北擺夷地區的檸檬咖啡一樣，是爲了壓味道，掩蓋劣質的咖啡，而不是特意的。就像所謂的馬來式白咖啡，既不是品種不同，也不是像黑胡椒去殼以後就變白胡椒，只是品質不大好的咖啡豆在烘焙的過程中，加入大把奶油、鹽巴，完全是亞洲家庭主婦煮菜「提味」的概念，以前一直以爲這是糟蹋了原豆香味的惡行，現在才明白，這叫做家庭主婦的持家智慧。

爲了喝到像樣的咖啡，雖然我可以趁去清邁休假的時候，在喜歡的獨立咖啡館，請他們爲我用店裡研磨的新鮮豆子，現場製作濾掛式掛耳包，但這種華麗的咖啡，每次在緬甸同事面前拿出來，總是會立刻引起騷動。因爲當地人從來沒看過這麼做作的日式咖啡，光是一撕開包裝，感覺好像立刻就瑞氣千條，光芒萬丈，每個人都立刻聚攏過來觀賞，嘖嘖稱奇。我只好把身上所有的掛耳包，都拿出來跟大家分享，因此如果帶十包，我頂多只能喝到一杯。

我並不是捨不得分享，眞正讓我停止這麼做的原因是，當我看到拿到掛耳包的同事，極爲珍重地把一包泡上兩泡、甚至三泡，咖啡水幾乎都沒有顏色了，還咂著嘴唇喝著，我心裡忍不住難過，並沒有任何開心的感覺，好像自己變成了那種我不喜歡的外國人，有意無意炫耀著什麼似的。

後來，我開始帶比較低調的星巴克「ＶＩＡ」。這種超微細研磨技術（micro-ground）的即溶咖啡，包裝外表看起來就像緬甸也有的普通的冷凍乾燥（freeze-dried）即溶咖啡。問題出在星巴克保存香味的技術太先進，所以熱水一泡開來，香氣瞬間又變成萬道霞光，金光閃閃，所有周圍的人立刻聚攏過來，品頭論足一番。到頭來，無論多麼努力，我還是「那種」外國人。

最終，我只好放棄自己帶咖啡的想法。

諷刺的是，「VIA」的拉丁文原文意思是「道路」，或是「從一個地方到另一個地方」，比如從台北到歐洲轉機取道曼谷，航空公司就會在機票上註明「via Bangkok」。但我並不覺得我像星巴克的廣告中所說的那樣，打破了時間與空間限制，讓喜歡咖啡的人能隨時隨地品嚐到高品質的咖啡，而是覺得我把富裕的壞習慣，帶到了貧窮的地方，覺得心裡難受極了。

無奈之下，只好每天到當地小店，一面喝著又酸又甜的檸檬咖啡，一面苦思要如何喝到無糖黑咖啡的對策。

「一杯不加糖不加檸檬的黑咖啡」根本是緬甸鄉下人無法理解的概念。

終於有一回，天時地利人和，我的好機會來了。這天下班後如常先繞去喝杯咖啡，老闆面帶抱歉地說：「對不起，今天沒辦法賣咖啡。」

「爲什麼？」我驚訝地望著四合院裡，眼前木柴燒著滾燙的那鍋熱水。

「因爲今天市場沒開，買不到檸檬，所以沒有辦法做咖啡。」

「啊！檸檬用完了沒關係！我喝不加檸檬的也可以！」我立刻把握這個難得的機會說。

看不出年紀的削瘦老闆，用他迷濛的眼睛（應該是長期燒木柴煙燻加上吸食鴉片的結果）不可思議地瞪著我，終於發現我沒醉也沒high，而是認眞的，只好無奈地轉身要走回廚房。

高中時期成功破解新加坡Kopitiam密碼的經驗，讓我知道現在是我突破盲點的唯一機會，現在不做，明天會後悔！這個難得的機會一去不回，我立刻追加了一句——

「Daja ma te ne!」（不要放糖。）

就這樣，我成功地喝到了一大杯大概很少人喝到的珍稀羅布斯塔黑咖啡。

超、級、難、喝。

隔天開始，我又自願回到了喝黑咖啡加糖加檸檬的緬甸山區生活。

緬甸鄉下這家叫做「Easily」的傳統四合院裡的咖啡，總要在黑咖啡裡加檸檬，久而久之，成了我記憶中，屬於撣邦高地的獨特味道。

06 好喝的黑咖啡

咖啡要好喝，最需要的，原來是愛。

雖然從新加坡的高中時期開始就養成喝咖啡的習慣，大學跟研究所時代，咖啡就成了不可或缺的桌上文具之一，但眞正開始對咖啡抱持感情，卻是進入NGO工作，三十歲以後的事。

當時開始進行緬甸北部農場的規劃，從田野調查當地的農業現狀，分析當地的經緯度、海拔跟雨量，將土壤樣本送實驗室分析了解成分跟金礦礦脈殘留的重金屬毒性，到研究應該如何設計這個轉作計畫最有希望成功的有機農作物。或許正因爲一切都有可能，反而千頭萬緒，心情像摸石子過河那般戰戰兢兢。

當我們的車搖搖晃晃地走在滇緬公路上，行經曼德勒省英國殖民時期的夏都眉苗，喝了第一杯眉苗咖啡時，我的老闆突然充滿希望地說：

「我們來種有機咖啡吧！」

但身爲農業門外漢的我們，對於種植有機咖啡的了解，幾乎等於零。

當時，我正好看了一本很喜歡的多明尼加共和國女作家朱莉婭・阿爾瓦雷斯（Julia Alvarez）在二〇〇二年中出版的半自傳體小書，叫做《A Cafecito Story》（一個黑咖啡的故事）。Cafecito翻譯成黑咖啡有點勉強，如果要精確來說，Cafecito是古巴人在當時義大利咖啡機第一次出現在古巴時，給這種機器煮出來的濃縮咖啡（espresso）的名稱。跟海地在同一個島上的多明尼加共和國，距離古巴只有窄窄的一道海峽，所以可能受到古巴的影響，也把黑咖啡叫做Cafecito。

朱莉婭一九九一年出版的成名作《賈西亞家的姑娘不再帶口音》（How the Garcia Girls Lost Their Accents），背景就是她加勒比海的家鄉。一九九六年，朱莉婭跟丈夫比爾，從長住美國新英格蘭地區的佛蒙特州（Vermont），回到老家多明尼加共和國，在全西印度群島最高的杜阿爾特峰（Pico Duarte），海拔一一〇〇公尺的山坡上，返鄉成立了一個叫做「Finca Alta Gracia」的「格雷莎有機咖啡莊園」。

因爲海拔高度跟緯度，幾乎都跟緬甸北方的農場預定地相同，所以我建議當時的老闆不如去走一趟看看。

後來我們眞的去了這個書中描述的占地二十五公頃的公平貿易、有機咖啡農莊，現在回想起來，可以算是社會企業的先驅。在農場的將近一個禮拜，看著一群眞正對於土地跟咖啡有感情的人，在火山灰中種植出來的咖啡，著實讓人傾心，開啓了我對於永續農業的多層次種植方式跟好喝咖啡的熱愛。

雖然殘忍，但也幫助我們立刻認清現實，以當前的現狀，緬甸北方條件還差得太遠，是種不出好咖啡的。除了客觀的自然條件不足，更重要的是，如果耕種咖啡的農人，根本認爲好喝的咖啡，就是隨隨便便的三合一調和咖啡，怎麼可能種出好喝的咖啡？

正如朱莉婭書中這位咖啡農Miguel說的：「如果你只是用嘴巴喝咖啡，那麼灑了農藥的咖啡味道其實跟有機的一樣好。但這杯咖啡卻是毒藥，在一杯黝黑的失望中游泳，最後塡滿你的身體。」（The sprayed coffee tastes just as good if you are tasting only with your mouth. But it fills you with the poison swimming around in that dark cup of disappointment.）

咖啡要好喝，最需要的，原來是愛。

從此以後，我心目中的「好喝」咖啡的標準，是從眞心眞意喜歡咖啡的人手上，種植、烘焙、研磨、現煮出來的一杯新鮮咖啡。至於產地、品種、土壤等等咖啡專家們講究的種種細節，其實對我而言，反而沒有那麼重要。

咖啡雖然沒種成，但是帶著多明尼加有機咖啡莊園美好的經驗，我們開始學習如何用「愛」去栽培土地上的每一棵植物。

農場成立幾年之後，開始有來自緬甸國內外的志工進行公益旅行，秋天幫助收成農場黃澄澄的玉米後，直流口水嚷著想現吃幾根，讓農夫們面面相覷。城市人可能不明白，玉米也是有分級的，我們種的明明是專門用來餵雞的飼料玉米啊！當地人無論再怎麼窮，也絕對不會去搶雞食。

農夫們拗不過志工的央求，最後勉爲其難生柴火煮了幾根，沒想到志工們竟然直呼好吃，甚至說是有生以來吃過最美味的玉米。

事實證明了用愛栽培出來的作物，在產地新鮮現採，無論再怎麼差勁，也難吃不到哪裡去。

安達曼海邊的義大利濃縮咖啡。

我的緬甸同事六十歲生日那天，我帶他到仰光的咖啡館，喝了他生平的第一杯卡布奇諾。咖啡，從來就不只是咖啡而已。

玉米如此，咖啡也是。我在眉苗，特地停下來喝的那杯差勁的羅布斯塔豆磨成的黑咖啡，不也是美味極了嗎？但研磨好、翻山越嶺，送到我工作的鎮上，交給完全無法領略三合一咖啡以外的店主人後，就會變得不堪入口，必須加大量的砂糖跟檸檬汁才能變得稍微能夠下嚥。

謝謝多明尼加共和國的一座有機咖啡莊園，意外地讓我在三十歲以後，重新學習「好吃」的眞正意義。

07

原來「好吃」是一種偏見

正因為是愛，亂七八糟的馬鈴薯燉肉、榴槤拌飯、豬肉鬆花壽司，都因此一一變成美好的食物記憶。

我一直感謝在多明尼加共和國格雷莎咖啡莊園的經驗，讓我眞正明白，原來所謂「好吃」這個概念，一點都不符合科學。

每天登入臉書，就會產生一種印象，覺得這個世界上追尋美食的人，似乎比追尋功成名就的人數量更多，來勢更加凶猛，也更執著。然而有多少人想過「好吃」這件事，到底是什麼呢？

高中時，我有段期間在新加坡當交換學生，對於這件事因此有非常深刻的體認。當時我的接待家庭，住在還相當偏僻的文禮區一間政府組屋裡，我的Home媽不時會堅持要我帶著臭味四溢的榴槤搭公車轉地鐵去學校當中午的便當，讓我非常爲難。

「這個很好吃！」Home媽會眼睛發亮地看著我出門。

我只能在心裡偷偷嘟囔著：「這一點都不好吃啊！而且味道那麼重，丟臉死了！」所以後來在泰國看到對著餐桌上魚露作嘔的西方人，我也完全能夠同理心對待。

「你瘋了嗎？快丟掉，這不叫『鮮美』，這根本是已經腐爛了啊！」

這麼說也沒錯，因爲魚露就是用海水魚加鹽發酵，在各種微生物繁殖時分泌的各種酶的作用下，從木桶底部流出來的液體，流出來再倒回去木桶，反覆幾次好幾個月以後才會變成「原汁」。再把這臭到不行的原汁在大太陽底下連曬三個禮拜左右，就變成市售的魚露，製作過程要將近半年，而且無論放多久都不會壞。

「什麼不會壞！根本就已經是腐壞到了極致的東西，不可能再更壞了啊！」我的西方朋友捂著鼻子抗議。

在新加坡的高中生活帶來的味覺衝擊，讓我意識到「好吃」根本是主觀的偏見。

對食物的偏見，又可以細分成兩種，一種是個人的偏見，另一種是集體的偏見。所謂個人偏見，就像我對傳統日式「馬鈴薯燉肉」的喜愛。

走到日本全國各地大小食堂，一定都可以找得到這道家常菜。這道料理，其實是一八七〇年到一八七八年間，東鄉平八郎留學英國樸茨茅斯市的期間，因爲非常喜歡在當地吃到的「紅酒燉牛肉」，回到日本以後，嘗試讓海軍製作的復刻版料理。

可惜當時的日本，既沒有葡萄酒，也沒有英國的醬汁，加上廚師自己沒吃過紅酒燉牛肉，根本不曉得應該是什麼味道，只好從東鄉口中說出來的一口好菜裡去發揮想像，用日本傳統的醬油跟砂糖製作出來，卻因此演變成一道今日的日本國民料理。老實說，無論是英國的紅酒燉牛肉，還是日本的馬鈴薯燉肉，兩種我吃的機會都很多，但是情感上，我亞洲的味蕾堅決選站在東鄉平八郎這邊，認爲日式馬鈴薯燉肉確實比英國的燉牛肉好吃得多。

就是一種個人偏見。

但是個人偏見也可能延伸，像果園的植物病蟲害一樣久而久之變成集體現象。比如東南亞人對榴槤、對魚露的喜愛。

曼谷無庸置疑，是個國際化非常徹底的城市，所以曼谷市區當然有很多韓國人經營的道地韓式燒肉店。但是一份專門給駐泰日僑的日文雜誌上，偏有一家餐館的廣告特意強調自己是「全曼谷唯一日本人經營的韓國烤肉」，吸引住在泰國、卻想吃跟在日本一樣口味的韓國燒肉的日本客人。

這種日本人即使長住泰國，想吃的韓國燒肉，是日式的韓國燒肉，就是一種嚴重的集體偏見。不過這也沒什麼稀奇，因爲台灣人就算移民到加拿大，也覺得日式料理的「花壽司」，裡面一定要包美乃滋跟豬肉鬆，不然就不是花壽司，不是嗎？

集體的偏見，往好處想，其實正是每個地區形成自己的地方特色料理，一個重要的契機。

美食評論家，規定什麼樣的味道、比例、擺盤、環境，才能叫做「好吃」，用自己的偏見來評斷別人的食物，叫做《米其林指南》。

畢竟，爲什麼沒事要聽一個法國輪胎公司，告訴我什麼好吃、什麼不好吃呢？我連對攸關生命的輪胎，都沒有那麼關心啊！

所以如果我們接受「好吃」是一種充滿主觀的偏見，那麼《米其林指南》，就是對食物終極的偏見。既然絕對的「好吃」並不存在，爲「好吃」設定標準，自然也沒那麼重要。

「說半天，那什麼才重要呢？」或許你會問。

「當然是有愛比較重要啊！」我則會這麼回答。

不信的話，聽小學生們聊天炫耀自己媽媽的拿手料理就知道了。大部分小朋友口中說的「超好吃」的東西，懂吃的大人一聽就覺得超難吃啊！

「你說的超讚雞塊跟獨家醬料，根本是超市家庭號的冷凍食品連炸都沒炸，只是微波，然後把番茄醬跟醬油膏混在一起而已吧？」

有時候，我甚至在捷運上會忍不住想要插嘴。

「你媽媽根本不會做菜啊！」

「其實你媽媽很討厭煮飯吧？」

但是且慢，每一個孩子成長的記憶裡，都該有那麼一道媽媽無可取代的獨門料理，畢生永難忘懷。

•

「我小時候吃榴槤配白飯，還要沾醬油，真是人間美味啊！」每次我聽到印尼或是馬來西亞的朋友在懷念媽媽的那道「榴槤拌飯」多麼美味的時候，我都很想吐槽說：「你媽媽根本是懶得煮飯吧！」

但總是話到了舌尖又吞下去。

「現在要吃到很難啊！都沒有人賣！」朋友幽幽地說。

榴槤在產地用簡單的烤箱、托盤，慢慢烘烤做成價值不菲的榴槤乾。

泰國蠔醬。

我其實是個不懂美食評論，對於米其林餐廳評鑑也毫不在乎的人，因為我相信每一個人，都應該有權利按照自己喜歡的方式來享受食物。

我心裡波濤洶湧：那麼難吃的東西，當然不會有人賣啊！根本賣不出去吧？

但撇開我的個人偏見，承認自己的文化誤解後，我其實可以想見下工後疲憊不堪的父母，根本沒力氣做飯，一想到深愛的孩子在等候著，又充滿愧疚，於是咬牙買了昂貴的榴槤回家，反正白飯、醬油都是現成的，孩子們看到平常父母捨不得買的榴槤，自然開心得不得了。這道榴槤拌飯正餐吃完了，等於水果也吃完了，還有比這更省心的嗎？

正因爲是愛，亂七八糟的馬鈴薯燉肉、榴槤拌飯、豬肉鬆花壽司，都因此一一變成美好的食物記憶，留在回不去的遠方，注定追尋不到比這個更好吃的味道。「好吃」到頭來，必須是因爲愛。

08 吃花

「吃花」之所以讓我們覺得特別，甚至心生嚮往，或許正印證了我們已經跟自然、土地的距離有多麼遙遠。

如果不是因爲偏見，我不會把那杯說不出什麼味道的夜半「曇花奶昔」，說成這輩子吃過最特別的東西。

當我跟一位很會料理的朋友，提到曇花奶昔的時候，他很順口地說：「噢！曇花啊，我都加點辣椒隨便炒一炒就吃了，要不然跟小排骨一起煮也不錯。」

不知道爲什麼，當場覺得有種莫名的失落感。

因爲吃花，在我心目中總有一種雅緻的意味。

每年到了七月夏天的時候，我們幾個住在波士頓的老朋友，都會說好來到在衛斯理女子學院任教的雪倫（Sharon）教授精心呵護的花園賞花野餐，賞完了花後，就像儀式般開始在花園裡摘可食用的花朵。

一面聊天，一面將花瓣跟嫩芽用手剝碎了拌進沙拉，配無花果釀蜂蜜跟甜味山羊起士烤餅，當作前菜。

主菜是分量慷慨的整籃櫛瓜花，拿來油煎手工義大利麵。

至於甜點，什麼都比不上把整朵百合花塡滿核桃、還有切成長條的芒果後，用長長的櫛瓜藤蔓細心將整朵花封口纏起來，配有機紅莓冰沙。

夏季的陽光都成了驚豔的創意小盤料理，直到夜闌人靜，才依依不捨地道別。讓我們一年一次，記得友誼與夏日的美好。

在日本，每年三、四月櫻花盛開的季節，日本的古老和菓子工坊以及懷石料理店，總會忙碌地搜羅可食用的美麗櫻花，將整朵美麗的櫻花，想辦法發揮各種美感跟創意，讓櫻花成爲春日料理的元素，嘗試將櫻花鑲嵌在各式各樣的甜品中，甚至會醃漬保存起來，或將許多新鮮的櫻花空運到遠在澳門、紐約的正統懷石料理鋪。老實說，櫻花本身似乎沒有什麼獨特的氣味，櫻花料理也不見得眞的將花朵拿來烹煮。跟夜半的曇花奶昔一樣，能夠在櫻花的季節用櫻花的花瓣入菜，那種心靈深層感受的「美味」，跟味覺上單純的「好吃」，在層次上有很大的區別。

以花作爲主題的料理，甚至不需要用到花。

寮國龍坡邦一家叫做「Tamarind」（羅望子）的餐館，有道美麗的名菜，上桌時看起來像是一朵含苞待放的帶莖荷花，塞進嘴裡，才發現是將一段綠色的檸檬香茅莖在尾端用刀細細刻劃，在莖的空隙中塞雞肉末成梭形後油炸，叫做Oua Si Khai。雖然這道菜沒有用到荷花，但是呼應著寮國山野之間隨處可見的荷花優雅意象，卻恰當極了。

當然，也有人吃眞蓮花。

我曾經去過一家台灣火鍋店，食材中就有一朵含苞的睡蓮，放進滾燙的湯中，蓮花就會在眼前遇熱盛開，充滿戲劇性的張力，但是放進口裡，卻一點都不好吃，只能當作噱頭。

在東南亞一些鄉下地方，吃蓮花不是當作噱頭，而是眞心眞意覺得好吃。

走訪一趟柬埔寨的菜市場，運氣好就能看到含苞待放的綠色帶莖蓮花，像電腦工程師才

這家名為「瓊斯先生的孤兒院」的咖啡館，用的都是早期英國戰後孤兒院餐具的復刻版，當然，也少不了野花。

會想買的一整捆六米長ＵＳＢ傳輸線那樣，鋪在荷葉上一卷一卷收好。

「一整捆蓮花要怎麼吃？莖也可以吃嗎？」即使料理達人到了菜市場，也對於這種當地「水生青菜」束手無策。

莖當然也可食嘛，否則賣菜的阿嬤直接拿花苞來賣不就得了，何必如此費事？

蓮花其實主要吃的是嫩莖而不是花。

切碎了配洋蔥，早餐拿來煎蛋。

中午拿來煮酸咖哩湯（แกงส้ม，Gaeng Som）。

至於帶苦味的蓮花呢，其實沒什麼太大食用價值，如果不想漂在水盆中觀賞，那就做成蓮花露吧！蓮花加三碗水燒成一碗，不是喝的，而是用來護膚，跟台灣人用絲瓜水的功效差不多。

蓮花原來是吃莖不吃花，顛覆許多人的想像。

想吃花的時候，我會到曼谷小巷弄中那家叫做「Paste」的餐館，地點挺偏僻的，服務也不怎麼好，但有時卻會不遠千里而來，專門去吃他們家這道烤豬頸肉沙拉。在各種深深淺淺的綠色泰國野菜上，鋪排著切成薄片的傳統烤豬頸肉，還手剝幾塊傳統米香，最後在上面撒滿了各種盛開的食用花朵，豔麗多彩的顏色，這一盤本身就是自然的盛筵，跟其他的料理混搭同桌出現的話，無論多麼高貴的食材，都會顯得俗氣。

不過其實如果人在東南亞，走一趟傳統菜市場，也可以自己收集到這些食材。但是我的最愛，還是超現實鮮藍色的蝶豆花，只要花季時，每次在菜販那裡看到新鮮的花，一定忍不住要買一包。

每當我住在曼谷的俄羅斯好友帕維爾（Pavel）有家人來訪，帶來家鄉的魚子醬時，我們總會特地辦一次聚會。黑亮的魚子醬鋪在剛烤出來的切片法國麵包上，這時小心翼翼地用鑷子將蝶豆花藍色的花瓣，置放在最上面妝點，實在是味覺與視覺的終極奢華。這吃法，是從有一年曼谷有家法國飯店推出的跨年大餐裡學來的。

價格雖然便宜，但是盛開時就要大口吃掉的蝶豆花，除了可以豪氣地拌進蔬果沙拉裡，還能熬煮成深藍色的蝶豆花水，夏天加很多冰塊，獨特的淡雅香氣，加上視覺效果就沁心涼。加一滴檸檬，藍色的蝶豆花水就會像魔術般通通變成豔紫色。

在曼谷老派的素可泰飯店，料
理中充滿熱帶的花卉。

紫色蝶豆花

在曼谷的時候，每天早上我都會走到菜市場去買一包鮮藍色的蝶豆花泡茶。蝶豆花水，就是泰國航空公司標誌的那種紫色。泰國，就是紫色的啊！

用蝶豆花水來煮糯米飯，可以蒸出一鍋讓人驚豔的藍紫色米飯，拿來做甜點美不勝收。眞的吃不完的話，在大太陽下曬乾，日後還可以隨時隨地備用。

泰國菜市場，還有賣風鈴草的黃色小花，當地人稱爲「dok karjon」，可以拿來煎蛋、煮湯，或是揉進麵團裡做成漂亮的蔥油餅。

巨大的香蕉花，對於泰式炒麵（Pad Thai），可以說是有如玉珮上中國結般的存在。沒有人眞的喜歡，卻又不能沒有。路邊攤總是隨意剝開紫色的外殼，將裡面的花豪邁地切成長條，跟青蔥一起放在盤子旁邊配炒麵，大家頂多隨便吃一口就放下，或是嫌礙事，一上桌就先拿出來扔在一旁。但如果沒有它，卻又覺得少了點什麼，顯得很孤單。

五星級飯店則會細心摘兩朵，泡水去澀，切碎後跟嫩椰肉或是各式各樣的配料，做成豪華版的香蕉花沙拉（ยำหัวปลี，Yam Hua Plee），還算美味。

東南亞的菜攤，有時還有種一小捆一小捆的花束，就像春天在歐洲的教堂草地上總會看到低矮的水仙花（daffodil），覺得應該由吉普賽小女孩裝在底部鋪著格子花布的竹籃賣才是，出現在菜攤上，似乎有些奢華。

雖然長得像水仙，其實是黃花藺（ตาลปัตรฤๅษี），在印尼、寮國、泰國都是靠水邊的人家，當天要吃青菜又沒上菜市場，隨便去摘回來清炒的免費蔬菜，就像取之不盡、用之不竭的水蓮、金錢草、空心菜、辣木、羅望子。

花蓮農改場一度將美麗的黃花藺引進台灣，想利用其耐水、耐病蟲害，又不需要施肥灑藥的特性，來作爲颱風豪雨過後平抑菜價的祕密武器。可惜台灣學界被小花蔓澤蘭嚇到了，所以反對黃花藺這個外來入侵種，很快就移除了，也因此居住在台灣的東南亞新移民，少了一樣美麗的家鄉菜可吃。

總體來想吃花朵這件事，窮人無論吃蓮花炒蛋或是喝蝶豆花水，是一點都沒有浪漫情懷的。「吃花」之所以讓我們覺得特別，甚至心生嚮往，或許正印證了我們已經跟自然、土地的距離有多麼遙遠。

吃花，追根究柢，是種無害的浪漫，一種不用跟人費神解釋的離經叛道，尤其適合從來沒有叛逆過、也不知如何叛逆的好人。

09 在夏日花園裡吃蕨的嫩尖

我很高興，對於自然時節的渴望還在我的血液裡竄流著，沒有因為都市的水泥和機場的鋼骨而成為僵硬的化石。

除了每年夏天會到衛斯理女子學院任教的教授好友雪倫家的花園賞花、吃花，其實每年春天的時候，還會去她那裡吃鴕鳥蕨的嫩尖。

在波士頓一位在以嚴格著稱的衛斯理女子學院教書的好友雪倫，每年春末夏初的時節，都會邀請我到家裡，看她的花園。

她大概是我認識的人中，最執著於園藝的人，時常不辭辛苦搬移樹木的位置，重新整理布置，甚至還有兩個專業的巴西園丁，每個星期來修剪枝椏，按照女主人的需求，無止境地調整幾百株植物的姿態。

「一年當中有九個月，這個花園是花團錦簇的。」巴西園丁羅傑驕傲地說。

這一天，粉紅色的罌粟花盛開，我們吃一種中文叫做莢果蕨的ostrich fern嫩尖。中文聽起來學術味很重，但是英文名字鴕鳥蕨，卻很具象地勾勒出它獨特的樣貌。當地人叫它「琴頭」，一看的確就像一把小提琴的頭，也很傳神。

這種在日本叫「kogomi」的蕨類也是波士頓季節限定的野菜珍饈。每年只有短暫一、兩星期買得到的好物，價格其貴無比。幾乎每年因爲工作、旅行的緣故，我都不知不覺就錯過了鴕鳥蕨盛產的那個禮拜，很開心今年終於趕上了。

只用一點點橄欖油乾煎，再撒一點點粗海鹽，其他什麼都不加，保留原味，是對鴕鳥蕨最大的敬意。

我們坐在夕陽下，花園裡的木椅上咀嚼，看著野鳥來到特意爲牠們準備的水池中洗澡。我想起記憶逐漸模糊的童年，還想起紐西蘭一個詩人爲蕨寫的一首詩。

誰總帶著疑問出生
生長在山谷與水濱
環繞著母親厚褶的羽裙
和黑亮髮絲的姊妹
大家在切磋編織的技藝
織機旁問答聲起

誰的衣衫如此地富麗
織得如此細密，有著無數羽穗
如書帶飄掛在岩壁上
如鳳凰在展翅開屏
是誰把鹿角擺上了樹椏
把秋江鋪滿紅意

誰源於太古的岡瓦納

一直在海洋上遷徙
離開非洲，離開南極
落户在這兩座島嶼
原始的森林，銀色織羽
是誰在暗中導引

誰最先從大地上升起
看到了光明的天空
迎來第一隻恐龍，從海底
送走最後一隻，到天空
誰依然緊緊守著大地
留戀幽谷和泉淙

誰曾見陸地聚爲一體
不久後分崩離析

那時候是誰巨大的身影
掩蒼龍，頂天立地
至今地下煤層的堆積
是誰的古老殘軀

誰看到大海悄悄隱退
陽光暗冰川厚積
那時火山也異常活躍
蟲獸們萎縮於洞墟
誰見到蒼海變成桑田
桑田沉陷入海底

誰再不企求凌雲登天
也再不獨居有大地
把這些留給輕捷的孩子們

讓他們去鬥豔爭奇
誰見到第一枝花的羞怯
第一粒果的欣喜

誰是飽經風霜的長者
衣衫還如此的秀麗
滿是大自然織就的紋理
陽光、波浪與岩晶
誰給飛鳥們帶來羽翎
給走獸穿上毛皮

誰在餐飲著日月星光
呼吸著大海的潮汐
金色的陽光灑照大地
泛起了一波波光影

鴕鳥蕨。

是誰把幻影指稱爲生命
把生命稱爲無機

誰在渴求所有的所有
卻得到美麗的羽衣
亙古歲月天地的精華
織機旁沉默無語
遠方庫克山老人的面孔
暮色中格外分明

每次指尖觸碰到蕨類，都忍不住爲它古老的生命感到悸動不已。能夠嚮往吃一口蕨的嫩尖，我覺得跟想要與地球的古往今來合而爲一，很有關係，畢竟居住在城市的我們，距離遠古和自然已經無限遙遠，但是巨大野蠻的蕨樹頂端，卻有著最纖細優雅的嫩芽，那種美麗是人工無法模仿複製的。

只能一口吃下去。

「你整天跑來跑去，我們能夠這樣靜靜坐在花園裡，一年也就只有這麼短短一次，就像鴕鳥蕨啊！」女主人舉杯微笑著說。

太陽逐漸隱沒，這一天就要結束。收拾碗盤，我們按照計畫去苗圃進行一年一次的添購，現在是種花的季節，什麼季節就要遵行時令做點什麼事。我很高興，對於自然時節的渴望還在我的血液裡竄流著，沒有因爲都市的水泥和機場的鋼骨而成爲僵硬的化石。

我告訴自己：等明年時候到了，我還要回到花園來，吃鴕鳥蕨的嫩芽。

美食魂

是對食物懂得節制的人。

Part 02

10

對「收穫」的嚮往

其實只要是當令在地的新鮮食物，幾乎沒有不好吃的。

無論是夏天雪倫教授在波士頓的花園，還是秋天緬甸北部農場的飼料玉米，「親手收穫」跟「好吃」的感受，似乎是分不開的。

即使遠離土地的城市人，肯定也對收穫充滿了嚮往，所以才會去參加部落的豐年祭，到「彎腰生活節」的農夫市集向小農直接採買，假日帶孩子去觀光果園採果，或是去山裡找竹筍跟食用香菇，半夜去釣蝦場，去溪邊釣魚。

對於「收穫」的期待，莫過於日本人每年到了九月，夏末秋初的時候，吃剛收成新米的期待。

「新米」就像剛摘下來的果實，本身飽含水分，放久了就會開始氧化，米裡面的水分也會開始減少，就沒那麼好吃。

每年十月底之前，買了新米就會想趕快煮一鍋白米飯，什麼都不加，只很單純在飯的上面放一塊明太子，也就是用辣椒跟香料醃漬的鱈魚卵，就是收成的味道。

對我來說，收穫的味道，是在美國羅德島州（Rhode Island）首都普羅維敦斯（Providence），參加「水上篝火」（WaterFire）夏日慶典時，與三五好友暢快分食在厚重原木砧板上的Charcuterie Platter（脯臘大拼盤）。

羅德島州位在我波士頓住家所在的麻州下方，是全美國最小的州。我在波士頓的好友小杰醫師，是在阿根廷長大的台灣人，因爲他從阿根廷剛到美國時，就是來到長春藤名校布朗大學上學，母親和其他家人隨後也跟著在此安頓，一直到母親去世爲止。所以小杰醫師一直把普羅維敦斯視爲他在美國的「故鄉」，也因此每年夏天都會力邀朋友們一起來參加這場羅德島人引以爲榮的裝置藝術表演活動，有點像日本京都左京區每年夏天八月十六日在如意嶽（大文字山）等山舉行的「五山送火」（五山送り火）夏日祭典的新英格蘭地區現代水上版。

日落時分，小船會行駛在貫穿普羅維敦斯市中心的三條運河上，船上穿著黑衣的人，會安安靜靜地、如宗教儀式般莊嚴地在來自世界各地的音樂伴襯中，點燃河心當中一百盞篝火，持續到午夜。

每場「WaterFire」活動，都會有幾萬人參加，所以散步後想找個地方吃飯，幾乎比較像樣的餐廳都客滿，就連平常根本不會考慮的連鎖餐廳「茹絲葵」，都得等待三個小時。我們在絕望之下，突然看到「茹絲葵」旁邊有一家冷冷清清的餐廳，冷清到連小聲嚼舌根都會有回音的那種。因爲太空了，原本以爲沒有營業，抱著肯定要踩到地雷的赴義心態坐下來，隨意點了一個叫做「豐收」的脯臘大拼盤，卻沒想到從此改變了我對開胃菜的看法。

如果從法文的字面上來看，「charcuterie」就是熟食豬肉，但實際上這樣的拼盤並不限豬肉料理，而是在粗獷的木板上，按照廚師自己的意思，擺放各種小菜。

超低人氣餐廳的這一盤「豐收」，上面有好幾種不同的起士、臘肉、生菜、果乾、核果、撕成一條條的肉乾、肉脯、煙燻魚乾、根莖類蔬菜的醃漬物、現烤的麵包、野生的莓果、蕈菇類、整顆烤軟的蒜頭、焦糖洋蔥。各種沾醬則直接豪邁地抹在木板上，連個碟子都沒有，有各種野生蜂蜜、杏桃果醬、鵝肝醬等等，錯落在冷盤上各式各樣的餡料當中，用「美味」已經無法形容，確實「豐收」是唯一貼切的說法。完美的食物加上水上的篝火，入夜後草地上的露珠，悠揚的古典音樂，身心中的五感平衡都得到了空前的愉悅。

可惜隔年再去時，這家生意很差的餐廳已經關門大吉了。

雖然如此，往後我養成習慣，只要到一個新的城市，或是一家陌生的餐廳，不知道要點什麼的話，通常會來個charcuterie拼盤，因爲無論好吃、難吃，反正每樣東西都只有那麼一點點，是一種分散風險的概念。

世界上沒有兩家的charcuterie拼盤是一樣的。季節性強，強調地產地銷的獨立小館，或是換了一個廚師，就算每次點同樣的脯臘拼盤，上桌的菜色也會完全不同，這是有菜單的餐館裡的無菜單料理。就跟到了香港喝「本日例湯」，或是在義大利海鮮館子吃「Catch of the Day」（本日漁獲）、在台灣魚市場旁的代煮攤位吃「現流仔」，大概很類似吧！小小的冒險，卻可能換來莫大的驚喜。

值得一提的是，我之所以會將「Charcuterie Platter」翻譯成「脯臘大拼盤」，是受到旅美武俠作家齊克靖女士影響。齊女士最近在她自己的部落格上，分析宋代周密撰寫的《武林舊事．卷九．高宗幸張府節次略》裡面，記錄在南宋紹興二十一年（西元一一五一年）十月，宋高宗趙構到寵臣張俊（就是那位謀殺岳飛的幫兇）家裡接受款待時的御筵菜單。

這張將近一千年前的南宋菜單裡，洋洋灑灑分成四個段落，「初坐」跟「再坐」（兩個階段的開胃前菜）、「酒席」（主菜），跟「餘興」（飯後甜點），其中兩個前菜階段，都有一道叫做「脯臘一行」。

齊女士說，一千年前那道「脯臘一行」，根本就是貫穿古今中西的「脯臘大拼盤」（Charcuterie Platter），我覺得一點也沒錯。裡面有線肉條子（撕成細條狀不會太乾的臘羊肉）、皂角脡子（燻過的辣味牛肉乾）、蝦臘（大蝦乾）、雲夢豝兒肉臘（超厚鹽漬風乾湖北臘肉）、奶房旋鮓（香料乳酪）、金山鹹豉（黑豆豉炒八寶辣醬）、酒醋肉（江蘇式的肴肉）、肉瓜齏（土雞拌醃涼菜）。這一盤如果我在美國波士頓七月四日美國國慶日觀賞煙火的家庭烤肉大會中，下午三點鐘端出來當前菜宴客的話，肯定會驚動波士頓環球報美食版記者，從此奠定通往成爲「全新英格蘭六州charcuterie拼盤之王」的康莊大道。

其實只要是當令在地的新鮮食物，幾乎沒有不好吃的。

我記得有一年夏末秋初的時候，沒有任何規劃在北海道緩慢地鐵道旅行，到了臨鄂霍次克海的網走市時，已經過了黃昏，在華燈初上的冷清街上，我看到一家小店叫做「酒緣酒場屯々」，被這無厘頭的名字吸引走了進去。裡面除了年輕吊兒郎當的老闆外，空無一人，當時心裡暗暗叫糟，但是當我低頭仔細研究菜單，不知道該怎麼點才不會踩到地雷時，老闆很歡樂地說：「客人啊！我下午剛剛從田裡採收的枝豆（毛豆），做好了一些，要不要嚐嚐？」

那一句話，讓我的心防瞬間融化，我知道我來對了地方。

酒緣酒場屯々，從此成爲全北海道我最愛的料理店，而那個老闆山田剛弘先生，就成了我的好朋友。我時常在倦怠、不如意的時候，心裡就想著：「如果能夠去山田先生那裡，吃他今天下午剛剛採收的枝豆，一定會立刻恢復飽滿的元氣吧！」

剛收穫的食物，都具備這樣神奇的力量，我深信不疑，就算只是平凡的一把稻米、一束毛豆，都是最美味的豐收。

在義大利市集上，剛收成的大批朝鮮薊。

整理前

整理後

全世界都是我的餐桌

「收穫」本身，往往是飲食過程中最迷人的一環。

11 安達曼列島的竹凍

對於緬甸南方的偏遠海島上，有人辛辛苦苦採集竹凍這件事，卻在我的腦海裡，留下了不可磨滅的印象。

「Charcuterie」脯臘拼盤之所以美好，正因爲從森林到海洋的美好豐收，都被視覺化、搜羅到這一塊木頭砧板上了。我可以想像張俊的廚師，當年在準備請宋高宗的派對前，爲了「脯臘一行」這一盤，如何花幾個月的時間，從許多不同的地方，收集來各地方的美味。我在波士頓的教授朋友雪倫也總是說，她在請我們去她的花園賞花前三天開始，就會開車到各個她喜歡的商店，去買各式各樣宴客的小菜。她說的當時，我還不明白，覺得這人眞沒效率，跟不上時代，現在網購如此發達，熱食外送又那麼方便，有必要花好幾天開車東奔西跑，爲了我們小小的友人聚會，這個買一點、那個買一點嗎？

但是現在我回想起來，那是現代人對於古老採集生活時代致敬的方式。

有越來越多現代人，開始重新學習採集的生活。

我在波士頓有一個消防員朋友住在鄰鎭，這幾年在自己家屋頂養蜂採少量的野生蜂蜜，只給自己吃，或是賣給周遭的親友鄰居。

所以接下來我想說幾個跟採集有關的故事。

有一次我在緬甸仰光辦理專門開給全國各地資深NGO工作者，長達一個禮拜的密集訓練課程時，來了很多從遠方的海島，或是翻山越嶺好幾天，才到達城市的在地工作者。看到他們疲倦但是發亮的眼睛，我意識到我一定要使出百分之一百二十的力量，才不會讓他們白跑一趟。

其中有幾個「全國民主聯盟」（NLD）從緬甸南方海島縣Myeik（丹老）遠道而來，當時我還沒有機會到那個由海軍、海盜、漁民與海上吉普賽人組成的列島。我們訓練課程的內容，來自大城市的學員反應都很好，但是顯然對他們幾個來說，遠遠超出他們能夠理解的極限，但是他們還是強忍著瞌睡，想辦法吸收，我也總會盡量利用晚上的時間，幫他們額外「補習」。

到了最後一天下午，他們幾位很害羞地拿出一個大鐵桶（顯然他們千里迢迢從家鄉帶了這個鐵桶到仰光來！），問說可不可以請大家吃他們老家的特產。

丹老雖然在緬甸境內，但這座由八百多個島嶼組成的丹老群島（Mergui Archipelago），面積超過三千五百平方公里，幅員遼闊，是中南半島安達曼海沿岸最大的島群，加上島上居民以操南島語族語言的莫肯人爲主，大多數的緬甸人沒有機會前往，語言也不通。所以大家對於這群長年皮膚被海風和日光親吻，熱情卻不擅言詞的同胞的大鐵桶裡賣什麼膏藥，充滿了好奇。

「這是竹凍啊！」帶頭的Nandar指著裡面半透明果凍狀的東西說。

大家紛紛猜測，認爲應該是他的緬語口音太重，把果凍還是洋菜凍說成了竹凍，甚至還有人說八成是燕窩。

「竹凍就是竹凍啊！你們不知道嗎？」Nandar氣急敗壞地說。

Nandar只好詳細解釋，竹凍就是當地下雨之後，雨水的水氣滲進竹林的竹節裡面，雨停後的隔天清早，竹子裡面前夜的雨水蒸發，把竹子剖開，就會看到沉在竹節底端透明膠狀的東西，這個寶貝就是當地的名產「竹凍」。

跟著常年在泰緬邊境工作的林良恕，一起在美索鎮上的菜市場買菜。

Nandar不敢相信沒人吃過竹凍，我們面面相覷，也不敢相信世界上有這種東西，而且還有人會費這麼大的勁，去剖開一根一根竹節，收集裡面一點點的竹凍。要砍多少竹子，才有可能收集這樣一桶？我們簡直無法想像。

當場竹凍加了糖水跟冰塊，做成甜湯後，一人一碗。老實說，這麼珍奇的東西，其實一點味道都沒有。可是對於緬甸南方的偏遠海島上，有人辛辛苦苦採集竹凍這件事，卻在我的腦海裡，留下了不可磨滅的印象，也對於當地物資匱乏的程度，透過這一碗竹凍，有了具體的想像。

後來我確實到了丹老群島，看到了採集竹凍的人。當地人也在巖穴採野生燕窩，在退潮的沙灘上採集藻類和蚌殼，徒手在深海裡採珍珠跟獵魚，大部分的莫肯人，還生活在一個已經被現代人遺忘的採集經濟型態。

在我為他們的辛苦生活感到難過的同時，卻又有一種難以形容的羨慕，羨慕他們跟自然的關係，是如此地親近。我就算看了幾十年的竹子，也萬萬想不到雨後的竹子裡面，竟然蘊藏著可以吃的竹凍。

12 白蟻養的雞樅菇

雞樅本來就是一個不可說的祕密。採雞樅的人嗅覺靈敏，據說雨過天晴後，從十公尺外就可以聞出雞樅的香氣。

在緬甸北方的臘戍鎮上，有一個在地人稱呼六哥的牛肉麵店老闆非常照顧我。這位大叔這幾年因爲心臟病，總是盡量好好休養，但是每年產雞樅菌的季節，整個人立刻就容光煥發，搖身一變，像投資股票的大戶那樣，開始到處打探有潛力的績優股。

雞樅菌這種菇類，在緬甸一般只能在森林裡野生採集，雞樅菌跟白蟻有共生的關係，萬一白蟻棄巢而去，就不會再長，所以幾乎無法人工栽培。通常在大雷雨後數日之內，就會出土。熟悉森林的德昂族人（Palaung），清晨就要背著簍子前往可能出現雞樅菌的地方尋找。當地人記憶很好，因爲雞樅每年都會在同樣的位置原地生長，叫做「雞樅窩」，知道位置的人絕對會保密，不能讓其他人知道。而且時機要對，菇的傘蓋還沒張開時最鮮嫩肥美，過了中午，往往因氣溫過高，菇很快就會腐爛。

六哥一接到當天有雞樅的電話通知，立刻就驅車奔下山去不計代價收購，又立刻搬回山上，全家人所有手上的事情都放一邊，通通加入做雞樅油的行列。因爲雞樅容易腐壞，採後隔夜就算不爛也會香氣大減。洗乾淨後，用手撕成小條，然後加入花椒、乾辣椒，在大鍋的油裡面炸，把雞樅裡的水分榨乾之後，就可以放涼裝罐。這樣的雞樅油把原本稍縱即逝的雞樅菌香氣鎖在油裡，可以慢慢吃上一年，直到明年採雞樅的季節爲止。

所以一年有這麼一天，六哥全家人，回到了採集時代的生活方式。

六哥在他們家兄弟中排行老六，他們兄弟中有兩個在台灣，老五在台北的台大附近，開了一家專門聽黑膠唱片配緬北雲南家鄉菜的小店，叫做「巫雲」。老五前一陣子中風住院了好一陣子，店就先由他們兄弟中排行最小的老八頂下來。

然後突然有一天，老八在自己的臉書上ＰＯ文，說今天特忙，忙著炸雞樅油，我一看大驚，急忙留言問他：「台灣哪裡能找到雞樅菌，讓你做雞樅油？」

老八就跟那些在緬北深山裡採雞樅的德昂族人一樣，神祕兮兮地回答：「只要有雲南人的地方，就有雞樅。」

再問就絕口不說了。雞樅本來就是一個不可說的祕密。採雞樅的人嗅覺靈敏，據說雨過天晴後，從十公尺外就可以聞出雞樅的香氣。不僅眼力要好，而且一旦發現了雞樅，只可悄悄地採集，不可以大聲說話，更不能高聲歡呼，不然會把「雞樅娘娘」嚇跑，這個地方以後就不長了。一旦找到一個「窩」，還要用米粒圍住，這樣明年才不會跑走，聽說這方法還滿靈驗的。

這麼寶貝的東西，怎麼能隨便跟外人說？下次去「巫雲」，如果看到老五或是老八，偷偷在他們耳朵旁邊悄悄說：「能來點雞樅油嗎？」

或許能弄到一點嚐嚐也說不定。

這些都不是雞樅菇喔！這些是我波士頓住家附近森林裡的蕈子。雞樅菇細細長長的，有機會請一定要嚐嚐！

13 可以吃的森林

有能力在自然中生活的人，看到森林、海洋，就會覺得「富足」，因為他們知道，自然裡隨時有著各式各樣的食物。

用這個概念，來理解掀起料理界的採集（Forage）風潮，強調在當地採集、收集食材的瑞典西北部耶爾彭省（Järpen）耶姆特蘭（Jämtland），在農舍裡經營只有十二個座位的米其林餐廳「Fäviken Magasinet」，就沒有那麼困難了。

在這家很可能是全球最孤立的餐廳裡，年輕主廚馬格努斯・尼爾森（Magnus Nilsson）用他手臂布滿刺青的手，將大塊醃漬、風乾的鹿肉切成片後，加入主廚自己抓的淡水白鱒魚的骨髓和魚卵，野生大雁做的臘腸。廚房後院種的大蒜、北極樹莓、鵪鶉蛋、林地茶、嫩白樺葉、草本鹽、甜菜葉、白樺樹汁、森林裡的地衣。在杜松和嫩枝上烤扇貝、小龍蝦配半烤乳酪、鮟鱇魚、鱈魚乾煎配雲杉味的醋、鱈魚卵豌豆黃蛋卷、牛尾配大麥烤薄餅、酸洋蔥還有大麥芽。在食客面前刮牛骨取牛骨髓，熟的羊肉，生的牛心。

百分之七十的食材來自屬於餐廳的兩萬英畝廣闊冰原之上，其他百分之三十則是地產地銷的，比如鴨子是從當地人稱「鴨子先生」的養鴨人家買來的，拿來做炭烤鴨胸肉佐鵝肝醬配卷心菜。餐廳的十幾個員工，工作時間有一半以上都用來收集食材。

吃一頓需要三個月前事先預定，從斯德哥爾摩搭乘火車要六個小時才能到達，一個禮拜開五天，一年還有二十個禮拜不營業。這樣一頓至少三百美元，不能點餐的十四道料理，販賣瑞典料理最原始、最樸素的一面，肉是生的，蔬菜是爲了必須度過寒冬而特別用古法保存的，野味不是爲了標新立異，而是與艱困環境搏鬥的證據。主廚馬格努斯曾經在媒體採訪中說，他之所以這麼經營餐廳，是因爲「不想將活生生的東西，變成可以隨意裝在袋子的物品」。

我不知道有多少人會相信他說的話是眞心的，但我是選擇相信的。

我在緬甸北方的六哥，像寶貝似的把雞樅油讓我第一次品嚐的時候，他也不是在炫耀，而是眞心想要告訴我一個關於食物採集的美好故事。

如果說「fäviken magasinet」是行動劇院，「charcuterie」脯臘拼盤的砧板就是舞台，食材就是演員，六哥或馬格努斯作爲廚師就是導演的身分，而盤上的排列組合，周圍的燈光、聲音、氣氛，故事，就是一場在自然中採集的表演藝術。

這樣的行動劇，不需要走遠道去北極圈。在東南亞印尼、寮國、泰國靠水邊的人家，當天要吃青菜又沒上菜市場，就會開始去摘水邊的黃花藺、水蓮、金錢草、空心菜。廚房外面的大樹，有取之不盡、用之不竭的辣木嫩芽，羅望子果實，一把一把的鮮綠色臭豆，巨大的麵包果，從樹幹上長出來的波羅蜜，攀緣著棕櫚樹生長的胡椒，咖啡樹叢底下陰涼的樹蔭下，有低矮的辣椒、薑黃與蔥蒜。

如果採集如此美好，爲什麼沒有更多人選擇採集食物的生活呢？

原因很簡單，那就是怕會餓死、吃不飽。

人類之所以從採集時代轉移到農耕，其實就是反映著這種恐懼吧？砍伐森林變成耕地，用種植短期作物的農耕方式，讓糧倉裡面可以滿滿堆放著吃不完、扔掉也沒關係的糧食，光是用眼睛看，就會讓人有一種「富足」的安心感。

就像進了「Costco」大賣場，看到數量龐大的大包裝食物，會讓我們不知不覺買了比實際

全世界都是我的餐桌

「食物森林」的採集概念，是吃多了過度加工食品的都市人，對於食物的美好想像，「野生」本身，或許就是追求極致生活後的反叛，也是救贖。

需要更多的食物。但仔細想想，一個家庭每週需要的食物分量，並不會因爲賣場的大小而改變。購買過多的食物，卻會造成浪費，吃不完、需要扔掉的過期食物因此變多了。

有能力在自然中生活的人，看到森林、海洋，就會覺得「富足」，因爲他們知道，自然裡隨時有著各式各樣的食物，所以需要的時候，隨時去拿就好了。達悟族人時常會驕傲地說：「太平洋是我們蘭嶼人的冰箱。」就是這個道理。但是沒有這種能力的人，卻會覺得如果在森林裡迷路，或在無人島上，就一定會活活餓死，因爲「什麼都沒有」。

我在緬甸北部內戰頻仍的地區推動有機農業計畫的時候，就利用這種認知的差距，推廣所謂「食物森林」（Food Forest）的概念。

緬甸之所以內戰無法休止的原因，簡單來說，就是自然資源的爭奪。無論是珍貴的柚木木材，還是可以蓋水電廠的伊洛瓦底江，或是金礦、紅寶石、玉石、稀土的礦區，都是兵家爭奪的重點。

對當地人來說，眞正的富足，不是雇用許多武裝部隊持槍保護，大肆開礦狠撈一筆，而是夠吃夠用，過安居樂業的和平生活。但一旦自己腳下的土地，在別人的眼裡如此值錢，就不可能過安樂的小日子。

「如果可以把我們的山林，變成一個要什麼有什麼的食物森林，但對外人來說，卻看不到任何經濟價值，那才有可能和平生活啊！」我跟專門推動有機小農的在地NGO組織，到處這麼鼓吹著。畢竟自有人類以來，森林就持續提供了源源不絕的食物，反而是我們今日極度仰賴的超市，一九三〇年才首度出現在美國。所以用來應對亂世，以食物森林來生產食物，其實是最順應自然、也最可靠的方式，可以透過食物森林的建立，在十年之內達到糧食自給率百分之百的最高目標。

學會採集食物，是踏出美好生活的重要一步。

無論是安達曼海丹老群島的透明竹凍、雲南邊境森林深處的雞樅菇、北極圈南方兩百英里的松枝烤扇貝，還是台南東山仙湖農場的野生鹹豐草天婦羅，採集食物的意義，是向大自然致敬的最好方式，以此證明我們知道舉凡食物都有生命，而人類僅僅是這個大自然循環的一小部分而已。

14 吃「剛好」就好，不用「吃到飽」

我之所以傾向不選擇吃到飽，原因有兩個，第一是怕浪費食物；第二是不想要自己也變成一個貪心的人，取用比我需要的還要多的資源。

我一位加拿大航海作家朋友丹尼森（Dennison Berwick），最近剛剛花了三年的時間，完成單人駕駛他的三十二英尺帆船「觀音號」，從一場高度冒險的極地航海回來，我們重逢聊天的時候，我問他這段時間學到最重要的功課是什麼。

「我學會什麼叫做『剛好』。」丹尼森說。「在岸上的時候，我常常只爲了喝一小杯茶，煮一整壺熱水，剩下的就會倒掉。但是因爲在船上，要煮沸熱水需要用柴油，爲了省著用，我想要喝一杯茶的時候，才煮不多不少，剛剛好一杯茶的水。」

在這個「吃到飽」（all-you-can-eat buffet）制度暢行的時代，「剛好」卻變成了一個需要訓練自制力的困難功課。

爲了學會「剛好」，我很少涉足吃到飽的餐廳，頂多一、兩年一次的程度。身邊雖然也有不少人對吃到飽的餐廳敬謝不敏，但理由跟我通常不大相同。

「吃到飽餐廳的食材一定比較差，不然怎麼能讓人無限制地吃？」

「我在減肥，去這樣的餐廳吃飯沒有辦法計算卡路里。」

「食量太小，不划算，沒辦法撈本。」

「我家小孩專門挑便宜又容易飽的東西吃，氣死我了！」

所以與其說我不喜歡吃到飽餐廳的食物，其實我更不喜歡那些喜歡去這些餐廳的人。因爲旅行者總是走到哪裡、吃到哪裡，隨遇而安，到處有驚喜，當然也有驚嚇，對於食物我並不挑剔，食材夠不夠高檔，CP值高不高，其實沒那麼重要，畢竟我既然不算美食主義的擁護者，也不是美食評論家。

我之所以傾向不選擇吃到飽，原因有兩個，第一是怕浪費食物，因爲根據統計吃到飽的餐廳，上桌的食物有高達百分之四十是扔掉的；第二是不想要自己也變成一個貪心的人，取用比我需要的還要多的資源。

記得在美國哈佛大學甘迺迪政府學院念研究所時，我跟著一個專門做國際發展的教授，學習發展領域的顧問諮詢，當時正好有一個客戶是位於亞利桑那州東邊的「白山阿帕契部落」（White Mountain Apache Tribe），需要研究「加拿大馬鹿」（elk）繁殖過剩，造成山區開車交通危險的問題，因此如何在不損害部落傳統價值，甚至增加部落收入的前提下，有限度地開放非部落成員打獵。

加拿大馬鹿這個名字聽起來很陌生，但是牠幾乎是世界上體型最大的鹿，也是北美洲和亞洲東部體型最大的哺乳類動物之一。到底有多大呢？如果不計算鹿角的話，成鹿的肩膀大概有一．五米高左右，重量三百多公斤。試想著如果晚上在山路上開車，馬鹿受到車燈的驚嚇，高速衝到馬路上，說有多危險、就有多危險。

阿帕契族不像拉科塔（Lakota）七個蘇族部落，把加拿大馬鹿當作心靈與精神的象徵。拉科塔的男性出生時，就會被贈予一顆加拿大馬鹿的牙齒，以保佑這個孩子能平安長命。但是阿帕契人也謹守著「不過度向大自然拿取」的原則，所以每戶人家每年只能在秋天獵取一頭加拿大馬鹿，使用牠的毛皮，將肉曬成乾，在冬天缺乏食物的時候，作為肉類的來源。

「數量太多？那多獵幾頭就好了啊！反正自己不用還可以賣人……」這種想法，對於節制的印地安部落原住民來說，是不可想像的貪婪，所以才需要哈佛教授幫助他們找尋解套的方法。

其實不只是原住民部落，在過去的農業時代，採集跟收穫的目的是生活的必須手段，爲了能夠源源不絕取得食物，都會有所節制。比如英國有一首家喻戶曉的童謠——

One, two, three, four, five,（一二三四五，）
Once I caught a fish alive,（我抓到活魚，）
Six, seven, eight, nine, ten,（六七八九十，）
Then I let it go again.（我又把魚放走。）

Why did you let it go?（你爲什麼把魚放走？）
Because it bit my finger so.（因爲牠咬我手指頭。）
Which finger did it bite?（咬你哪根手指頭？）
This little finger on the right.（右邊的小指頭。）

這一首聽起來很平凡的童謠，卻代表了一個社會的富足跟公民意識的成熟。

喜歡釣魚的人都知道，釣魚的快樂，不見得來自於把釣上來的魚吃掉。很多先進國家政府明文規定，釣客如果釣到小魚、已懷孕的母魚，或是一些瀕臨絕種的魚類品種，就一定要放生。有些國家也規定在一定深度的海洋、河流或湖泊，特定漁獲是不能帶走的。就算能合法帶走，大多數先進國家的釣客，頂多是照張相，或是留下一張魚拓，然後就小心翼翼地把魚放回水中，放牠自由，享受釣魚的樂趣，但細心不傷害生物鏈的平衡。

這首童謠接著還有兩段，分別抓到螃蟹跟鰻魚，但結果也都一樣是放掉，因爲跟魚一樣，咬了我的小指。

咬了我，所以我把魚放走，跟「竟敢咬我？老子不把你給吃掉我就不是人！」是兩種完全不同的生命態度。吃到飽無非就是貪婪的人類，把這個世界吃個片甲不留的縮影。

但是對於基本生活已經富足的現代人來說，「吃到飽」似乎反映著要把所有一切都據爲己有的壞習慣，已經不是爲了需要，收穫最重要的目的，變成了占有欲，和「什麼都太多比較好」的錯誤安全感。

琵琶湖畔比叡山車站附近的小烘培坊，每天就只做這幾個，賣完就打烊。

在日本的標準料理，往往是小分量料理。

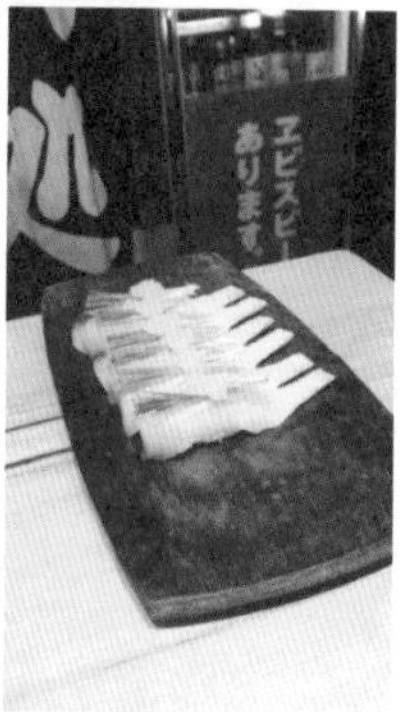

在沒有烤麵包機、也沒有電力的緬甸鄉下，烤土司的時候，唯一的辦法是在泥炭小火爐上慢慢烘烤，烤熱之後，抹上自製的超濃稠芒果果醬。

15

節制才美味

有所節制，為美好的飲食經驗事先準備，是「人」才有的能力。吃卻不用吃到飽、吃到撐，確實是人與動物的重要區別。

自從「吃到飽」從我的飲食習慣上消失以後，我也逐漸發現「節制才美味」的道理。我的父親生前因爲糖尿病，每週洗腎三次。通常病人都是過了中午開始報到，在洗腎病房的等候室，有一種跟醫院不搭的歡愉氣氛，幾乎所有等待洗腎的病人，都在快樂地吃著各種甜食。

「這種時候，就是要吃平常想吃、但不能吃的甜食，趁洗腎前吃，反正等一下洗腎就交換掉了。」其中一個老鳥，若無其事一面吃著紅豆麻糬，一面笑著說。

我一開始覺得很驚恐，這樣眞的可以嗎？趕快大驚小怪地去找醫生，好像小學風紀股長發現有人上課偷吃便當一樣。

經驗老到的醫生聽完，只是笑了笑說：「生病已經夠痛苦了，如果吃東西能夠帶來快樂的話，有什麼關係呢？」

醫生看到我還是很懷疑的樣子，接著說：「我總是跟病人說，沒有什麼需要忌口的，什麼東西都可以吃，這世界上沒有什麼病人不能吃的東西，只要記得，想吃的東西，吃一點點就好。」

父親臥病以後，曾經有一段時間短暫失明。在這期間，有次我去看他時，身邊正好有一顆我隨手在商店買的巨蛋波羅麵包。

「我要把這顆麵包藏到棉被底下，偷偷啃光。」什麼都看不見，因糖尿病每週洗腎三次的父親抱著麵包，愛不釋手，還不斷嗅著芋泥散發出來的甜香。

我一直笑，等著他把麵包交還給我，但是父親遲遲不肯鬆手。我伸手去拿，他的兩手緊緊按進麵包裡，突然我笑不出來了，他是說眞的。

我那一刻才意識到，他逐漸凋萎的人生唯一能夠緊緊抓住的，就只有這個難吃的麵包。

從那之後，我謹記洗腎室醫生的那番話，不再拒絕洗腎的父親想吃的東西，而是確保他喜歡的東西都能吃到，但只吃一點，滿足了就好。

不知不覺，我也開始用這樣的態度，對待自己的飲食習慣。

我有個英國朋友，告訴我他發現自己成為成熟大人的那一刻。

「有一天，我發現我的酒櫃裡，竟然有好幾罐沒開封的葡萄酒，卻不會想立刻打開來喝，而是盤算著要在哪個特別的日子裡喝，才會最滿足。」

幾年前網路上曾經瘋傳一則恐怖的故事，大致上是說有一個女人在自己房間養了一條很大的寵物蟒蛇，這條蛇突然有一天開始不吃不喝，持續了一、兩個星期。飼主很擔心，帶去看獸醫，獸醫問女人這蟒蛇是不是跟她一起睡在同一張床上？她說是，但奇怪的是，最近蟒蛇睡覺時並不是蜷成一團，而是伸得直直地躺在她身邊。於是獸醫告訴飼主，這蛇不能留，因為牠正在清空腸胃，同時測量女人的長度，準備要把主人整個吞掉。

後來動物學家出面，反駁了這種說法。蛇就像自然界大部分狩獵的動物，看到什麼想吃的獵物就會當場立刻吃掉，絕對不會預先做長期的準備。因為大自然裡的獵物，不會靜靜在那裡等著被蛇吃，如果蛇要準備那麼久才能吃的話，早就餓死了，只有人類才會有這麼深的心機。

有所節制，爲美好的飲食經驗事先準備，是「人」才有的能力。吃卻不用吃到飽、吃到撐，確實是人與動物的重要區別。

因爲有所節制，所以特別美味。

16 別急著吃飽

因為每隔一、兩個小時，就可以透過飲食滿足一下自己的慾望，所以整天下來無論日子多麼辛苦，卻也很有滿足感，感覺人生都在自己的控制之中。

好吃的東西，總是吃一點點最好吃，吃多了，就沒那麼好吃了。

泰國人的傳統飲食習慣，正是如此。一般泰國人很少有固定時間坐下來吃三餐的習慣，而是餓了的時候就吃一點當時最想吃的東西。有時候是一串豬肉丸子，可能是一杯泰式奶茶，或是一小碟海南雞飯，一根棒棒腿炸雞，分量通常很小，吃完不餓了就停下來，繼續去做原本正在做的事。

隔一、兩個小時工作完休息的時候，又會好想吃點什麼，便走到街上去。所以整天都在想著下一個要吃的東西是什麼，這回可能是兩根烤豬裡脊肌配一小撮糯米飯，或是一碗十二泰銖的小碗湯麵、一小塊椰子糕，或是一根小小的烤芭蕉。

反正一天二十四小時，路邊總有不同的路邊攤，賣著不同的好吃東西，所以不需要一次吃遍，等想到特別想吃什麼的時候，就去買一點來吃。

不明就裡的人，會覺得泰國人「整天都在吃」，但爲什麼怎麼吃都不會胖。其實泰國路邊小吃文化，是最放縱的飲食，卻也是最節制的飲食。

因爲每隔一、兩個小時，就可以透過飲食滿足一下自己的慾望，所以整天下來無論日子多麼辛苦，卻也很有滿足感，感覺人生都在自己的控制之中。也難怪泰國人對自己的生活滿意度，比許多富裕國家的人更高。

在石原結實的《先別急著吃三餐》這本書裡，說到德國癌症學家艾斯爾斯博士用老鼠做的動物實驗，發現想吃什麼就給牠吃什麼的老鼠，比起每兩天斷食一次的動物，癌症發生率高出了五・三倍。大阪府立大學農學院的中野長久教授等人，也以一百五十隻老鼠分成三組，第一組飲食無限制，第二組控制在八分飽，第三組只餵六分飽，結果半飽的白老鼠，癌症的存活率遠高出吃飽的老鼠。

我不是醫學專家，無法評斷這個研究是否符合嚴謹的科學標準，但是確實讓我想到日本大部分老人家不完全吃飽的習慣。

「吃飯吃八分飽就停下來，對身體比較好啊！」

「這就是人與動物的區別啊！」曾經有一位我敬重的日本老人家這麼跟我說。「野獸不知道下一餐在哪裡，所以眼前有食物就要盡量吃，吃到吃不下了才停止。但是我們人不一樣，吃與其是爲了飽，其實更爲了能夠領略大自然給我們這些食物的美味。」

我確實也注意到，比我年紀只大一些的日本作家好友仲谷先生，沒有什麼別的嗜好，就是喜歡美酒、美食。辛苦工作一天，就算手頭不寬裕，口袋只剩下兩千日圓可以吃飯時，也不會選擇最便宜、量最多的食物，就算不好吃也沒關係。但是日本人會花一千四百日圓，去吃一貫上等的壽司，兩口就沒了，卻滿足地嘆了一口氣。

「眞是好吃啊！活著眞好。辛苦了一天，好值得！」

這一貫上等壽司的味道，會一直在口齒間留香，也在記憶裡畫上美好的一筆。

當晚臨回家之前，在車站前營業到深夜的立食拉麵店，用最後剩下的銅板，買一碗便宜又大碗，不算難吃但也不足爲道的拉麵下肚，把肚子塡飽，這一天就算美好的結束。

仲谷先生的鄰居，有個苦命高中生，父母很早就離異，從小跟外婆一起長大，但總是有一餐沒一餐的。仲谷先生就跟他商量，每個週末乾脆來他家外宿、搭伙，跟著他們一家人一塊兒吃飯，讓這個發育中又熱中打棒球、夢想進入甲子園的高中生，能夠有機會吃些營養的東西。我有時候在場，看到高中生的食量，不禁想到少年時代的自己，恐怕也是這樣狼吞虎嚥吧？

高中生念夜間部，平常白天都在日式連鎖快餐店「松屋」打工。

「那太好了，可以用員工價格，吃到便宜的套餐！」我替他覺得欣慰。

「員工價大概兩百日圓。」高中生一面吃著火鍋，一面說。「但我從來不吃。因爲一個小時的時薪九百多塊日幣，感覺又被老闆拿回兩百塊，很不值得，所以我們都寧可去找更便宜的東西吃。」

「還有什麼更便宜的東西嗎？」我很驚訝地問。

「有啊！像是便利商店一百日圓的飯糰、百圓拉麵之類的。反正量大、會飽就好。」高中生滿不在乎地回答，繼續悶著頭一面滑手機一面厲行他每週一次的「吃到飽」。

那一刻，我說不出話來，覺得面對日本年輕一代，失去的不只是金錢，還有代代相傳的敏銳味蕾，那晚我竟然哀傷得吃不下飯。

希望有一天，苦命的高中生不餓了，也能夠開始體會食物的美好。

17

一口氣吃十四道料理

或許「14」這個數字只是一個純然的巧合，也可能是經過很多的嘗試以後，廚師發現小分量精緻料理最適合的數量。

當我知道瑞典離北極圈兩百英里，坐落在荒野中的米其林餐廳「Fäviken Magasinet」，一餐固定出十四道精巧的菜時，聽到「14」這個數字就有種熟悉親切的感覺，卻說不上來原因。

突然有一次，我在京都吃懷石料理時，內心突然一震。

「啊！十四道！」

因爲傳統懷石料理如果按照嚴謹的上菜順序，也不多不少剛好十四道。

第一道：「先附」（Sakizuke，さきずけ）是開胃小菜。

第二道：「八寸」（Hassun，はっすん）是時令食材的壽司跟小菜組合。

第三道：「向付け」（Mukōzuke，むこうずけ）是季節性的生魚片。

第四道：「炊き合わせ」（Takiawase，たきあわせ）是燜煮的小皿料理，通常魚、肉、青菜都有一點。

第五道：「蓋物」（Futamono，ふたもの）可能是湯，也可以是茶碗蒸。

第六道：「燒物」（Yakimono，やきもの）是當季的燒魚。

第七道：「酢餚」（Su-zakana，すざかな）是以醋醃漬的小菜。

第八道：「冷鉢」（Hiyashi-bachi，ひやしばち）是用冰鎭過的食器來盛放蝦蟹肉等熟食。

第九道：「中豬口」（Naka-choko，なかちょこ）是有點帶酸味的湯。

第十道：「強餚」（Shii-zakana，しいざかな）是炙烤的魚，也有可能是其他肉類，基本上這道就是主菜。

第十一道：「御飯」（Gohan，ごはん）以米爲主的料理。

第十二道：「香物」（Kō no mono，こうのもの）是當令的醃製蔬菜。

第十三道：「止椀」（Tome-wan，とめわん）是用料豐富的味噌湯。

第十四道：「水物」（Mizumono，みずもの）可能是一片頂級哈密瓜之類的傳統高級水果。

或許「14」這個數字只是一個純然的巧合，也可能是經過很多的嘗試以後，廚師發現小分量精緻料理最適合的數量。就好像員工向老闆提出建議的時候，最好是三個方案，因爲五個方案太多，兩個又太少一樣，反映著人性跟心理。

到西班牙，尋找極致的小皿料理塔帕斯（tapas），變成了每天晚上最重要的尋寶遊戲。塔帕斯可以是涼菜，如各式乳酪拼盤、醃漬的小墨魚、臘肉；也可以是熱菜，比如說在小陶盆中橄欖油裡噗嗞噗嗞作響的蒜頭蝦仁、炸花枝、醃漬鱈魚裹薄薄的麵團炸成的丸子，甚至小分量的海鮮飯。每一道菜，都是酒吧老闆絞盡腦汁，自己創作的獨家料理，不可或缺的傳統地方佳餚，或是附近家庭農場，用當令最美味的蔬菜、自己風乾的醃肉、紅椒香腸（chorizo），或是某個鄉下的外婆用沒有經過高溫殺菌的羊奶生乳製作的乳酪。塔帕斯總是有點太鹹，口味有點過重，讓人想要再多喝一杯，傳統派就配西班牙南部安達魯西亞的雪利酒，夏天則可以配生啤酒，也可以配一大壺水果切片加紅酒、烈酒蘇打水和糖漿配成的桑格莉亞（Sangria）。店

我是那種無論到世界哪個角落，都會想要什麼都嚐一口的人。對世界無盡的好奇心也讓我一直走下去。

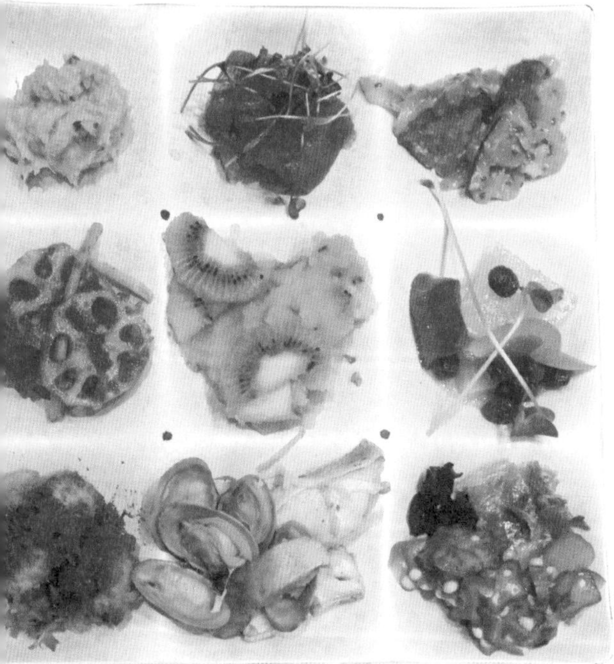

面小的話大家可以站著吃，店面夠大的話當然可以坐著吃，不知不覺，吃十四道的時候剛好滿足，再一道就太多。

大多地方的料理，並不適合吃十四道菜。大部分的西餐，無論每一道分量多麼小，如果分成十四道上菜，感覺都太繁雜，台灣式的料理也是這樣。雖然在日本，台灣料理常常被標榜爲「小皿料理」，但也沒辦法比照辦理，很難看到台灣那種門口有各種盛滿小碟子、客人可以自己挑選小菜的小吃店，拿十四盤小菜配一碗白飯是不可想像的事。

如果說台灣有什麼料理可以比擬的話，應該就是專門賣「黑白切」的小店。在台北，無論是林森北路的「高家莊米苔目」，還是大稻埕的「賣麵炎仔」，我個人覺得除了主食的米苔目或是乾麵之外，嚐個四到五樣菜，食量跟味覺就到達極限了。如果事先認眞計畫，想好適合雙拼的種類，比如粉肝跟芥末軟絲可以拼在一起，滷大腸拼紅燒肉，肝連跟五花肉拼，但這種店通常生意太好，要在老闆跟後面排隊的客人眾目睽睽之下順利拼七盤十四樣菜，對我這種臉皮薄的客人來說，壓力太大。「賣麵炎仔」雖然貼心地可以幫客人把四種拼一盤一百元台幣，但是四種不同味道的菜餚，有乾有濕混在一個盤子裡，失去了該有的純粹風味，而且這樣一來每種的分量又太少了，一個人吃還可以，要共享就有點困難。

相較之下，韓國料理的「飯饌」（반찬）在趣味上跟西班牙塔帕斯最接近。除了湯跟

飯之外，主菜可能是一道烤肉，其他都是涼拌小菜，以泡菜、煮菜、蒸菜、乾炒菜、醬燉菜、煎餅、雜菜、沙拉等幾種方式呈現，飯饌從三道（첩）開始往上加，五道、七道、九道、到了頂級十二道，就是宮廷料理了。有一回我帶幾個德國朋友在柏林新興的夏洛特堡區（Charlottenburg）一家當地韓國留學生時常光顧的家常餐廳「阿里郎」（Arirang）吃飯時，心裡暗暗算了一下，主菜跟飯饌都擺齊了，把湯和飯也各算一樣的話，不多不少，剛好十四道。

From：地址：＿＿＿＿＿＿＿＿＿＿＿＿＿＿＿＿

姓名：＿＿＿＿＿＿＿＿＿＿＿＿＿＿＿＿

廣	告	回	信
台北郵局登記證			
台北廣字第01764號			

平　信

To：**大田出版有限公司**　（編輯部）**收**

地址：台北市 10445 中山區中山北路二段 26 巷 2 號 2 樓

電話：(02) 25621383　傳真：(02) 25818761

E-mail：titan3@ms22.hinet.net

讀 者 回 函

你可能是各種年齡、各種職業、各種學校、各種收入的代表，
這些社會身分雖然不重要，但是，我們希望在下一本書中也能找到你。

名字／ ____________ 性別 ／□女 □男　　出生／______年_____月_____日

教育程度／

職業：□ 學生□ 教師□ 內勤職員□ 家庭主婦 □ SOHO 族□ 企業主管
□ 服務業□ 製造業□ 醫藥護理□ 軍警□ 資訊業□ 銷售業務□ 其他 ____________

E-mail/_________________________________ 電話／____________________

聯絡地址：____

關於書：　　書名：美食魂

你在哪裡購買本書：____________________________________

你喜歡本書的哪一篇：__________________________________

關於手機：

1. 請問你目前使用的智慧型手機為甚麼品牌？

□蘋果 iPhone □索尼 SONY □ htc □三星 Samsung □華碩 Asus □鴻海 InFocus
□華為 Huawei □小米 □ LG □其他_________

2. 在購買手機時，請問您較會參考哪一個管道的推薦？（單選）

□論壇 □電視廣告 □平面廣告 (DM) □網路廣告 □其他_________

3. 在購買手機時，請問您較會參考哪一種人的推薦 ?(單選)

□家人 □好朋友 □名人 □部落客 □男 / 女朋友 □ 3C 達人 □其他_________

4. 未來再換下一支新手機時，請問您覺得手機的哪些功能或性質可以在加強？（複選至多 3 項）

□重量更輕 □速度更快 □照相功能更好 □電量更持久 □更耐摔 □容量更大
□有 S Pen 方便做筆記 □畫面更大 □防水 □作業系統 (IOS 或 Android)
□經濟實惠 □其他_________

5. 請問當您要換下一隻手機時，您會考慮購買哪一個品牌？

□蘋果 iPhone □索尼 SONY □ htc □三星 Samsung □華碩 Asus □鴻海 InFocus
□華為 Huawei □小米 □ LG □其他_________

6. 請問您會使用手機做下列哪些事項

□瀏覽社群網站 □網路購物 □行動付款 □筆記 □手機遊戲
□拍照 (旅行或是生活紀錄) □其他_________

★請發揮您的創意，用一句話敘述手機對您而言是什麼 ?(EX: 手機是我的人、物……)

____

7. 請問手機對您而言，是什麼樣子的一個人物角色 ?(單選)

□家人 □好朋友 (閨密、好兄弟) □情人 □管家 / 小秘書 □工具人 □旅行好夥伴
□其他_____

請完整回答才有機會參加抽獎！大田出版有限公司編輯部 感謝您！

美食魂

用自己喜歡的方式享受食物的人。

Part 03

18 什麼都想吃一點點

或許就是那種灌注生命的熱情，讓這些手工製作、小分量的多樣化料理，從天南地北的丹麥到泰北，都展現出共同的魅力。

老實說，我並不覺得十四道菜是什麼終極美食的密碼，但我知道自己旅行的時候，時間有限，胃容量也有限，所以總是下意識地尋找不做作、不是「吃到飽」，卻煎炒煮炸什麼都可以吃到一點點，又具有當地特色的精緻料理。

那種「什麼都想吃一點點」的理想料理，在歐洲，大概就是法式的卡納佩（canapé）吧！

剛剛烤熱脆脆的一小片法國麵包，上面抹一層鵝肝醬，再輕輕鋪一層魚子醬，然後在最頂端放一小朵含苞待放的藍紫色蝶豆花，欣賞完之後，剛好一口送進嘴裡。我在泰國曼谷的法式飯店「Lebua」吃到過一次，雖然已經是幾年前的事了，常常連昨天吃什麼都想不起來的我，卻到現在還記憶猶新，閉起眼睛，還可以回想到那一人只吃得到一片的美好味道。

因爲大多數材料都不需要自己烹煮，只需要把熟食恰當地搭配在一起，即使從來沒有下過廚的小朋友也可以幫忙做，卻又可以發揮創意，所以在歐美很多家庭派對都會用各式各樣的卡納佩待客。在不同地方有不同的名稱，比如在義大利稱作tramezzini，其實基本上是一樣的東西。雖然看起來分量小，好像怎麼吃都不會飽，但老實說，一個晚上下來，一個大男人無論如何也吃不了超過十四個，否則就會覺得膩了。

至於懶得自己動手，或是廚藝眞的太差的人，也可以從英國最受歡迎的馬莎百貨（Marks & Spencer）訂購這種法國式卡納佩，二十四個約台幣七百元，是一種平民大眾都負擔得起的小奢華。

卡納佩看起來簡單，誰都可以做，其實要做得好看又好吃並不簡單。有點像郵票，雖然只有小小一方，但是眞的要畫一張傳世的郵票，卻只有眞正的設計高手才能做到。

相對來說，丹麥的Smørrebrød（開放式三明治）就是稍微大一點的小品油畫。每次我在哥本哈根時，總會特別到Nørreport車站附近的Torvehallerne農夫市集裡，有一家叫做「Hallernes Smørrebrød」的開放式三明治小店，用像小朋友選禮物的興奮與慎重，去挑選櫥櫃裡我喜歡的廚師現場創作。每一個都用手工慢慢做出來，所以配料跟擺放的比例、方式都不大一樣，顧客可以隔著玻璃，挑自己特別喜歡的某一片，廚師會戴著手套，張開大拇指跟食指小心翼翼地取出，感覺上像是一塊可以吃的珠寶。

開放式三明治是丹麥典型的午餐，在一片比手掌小一點點、薄薄的新鮮黑麥麵包上面塗上一層奶油，接著可以往上堆疊放任何自己想要的配料（pålæg），如果想使用海鮮類的配料，像是蝦子、小鯡魚（sild）、魚排，麵包上就改抹塔塔醬（tartar），除此之外沒有什麼成規，每一片濕潤平整的黑麥麵包，就是一塊畫布。通常丹麥人外出野餐，帶上一瓶酒，一條奶油，幾個小型的樂扣盒子裡，塞上冰箱找得到的配料，一邊做串珠般的「美勞」，一邊把自己的成果吃掉，就可以跟朋友坐在草地上消磨一天。

店裡的開放式三明治如果是當作午餐吃的，尺寸很大，一餐吃一個就飽了。但是如果像我這樣什麼都想吃一點點的人，有家叫做「Danish Minies」的專賣店，迷你版十二個，剛好當作賞心悅目的一餐，約台幣一千元，精緻的程度讓人直接聯想到日本比較少見，每一顆都是小

Canepe 的變形：
香腸、九層塔、鳳梨，搖身一變成為歐洲派對上充滿台灣意象的宴會食物。

丹麥的開放式三明治名店櫥窗。

全世界都是我的餐桌

我在哥本哈根必吃早午餐店的開放式三明治，這一盤的名字，叫做「什麼都有」。

圓球形狀的的手鞠壽司（Temari Sushi）。

在泰北金三角地帶，所謂的康托克（Khantoke，ขันโตก）料理，是我想什麼都吃一點的時候的首選。

在泰語中，「康」（khan）是圓盤；「托克」（toke）則是桌，兩字合在一起「康托克」即是在竹籐編製的小圓桌上，用高腳托盤盛放菜碟的食器。這種傳統料理的托盤上通常有六到八道菜色，而且配菜中一定有泰北古蘭納王朝的泰國傳統菜（如辛辣的綠辣椒沾醬「Nam Prik Noom」配青菜，加糯米、醃蒜頭的香腸「Sai Grok」），有緬甸菜（比如剝皮茄子做成的肉醬，或是咖哩滷肉），也有寮國菜（炸豬皮、炸米香），金三角的三個角都會均衡地表現在菜餚中。

在曼谷，偶爾也可以吃到這味樸實美好的康托克料理，比如來自泰北邊境的有機小農唐吉家開的「Tangjit Banana」（唐吉香蕉，เฮือนตั้งจิตร），母女倆用好像對待來自己家吃飯的客人一樣的態度，準備康托克料理，配父親在遠方鄉下種的有機紫莓香米（riceberry）。紫莓香米是泰國「Kasetsart」大學研發，一種由茉莉花米和黑香米孕育雜交的新品種，還會驕傲地介紹：「這是我家自己種的米喔！」

或許就是那種灌注生命的熱情，讓這些手工製作、小分量的多樣化料理，從天南地北的丹麥到泰北，都展現出共同的魅力。機器大量製造的制式食物，無論多麼精緻，也無法比擬於萬一。

19 大雜燴的極限

在喜歡什麼東西都摻一點點的菲律賓，變成了一整個視覺跟味覺都爆炸的狀態。

對於菲律賓人來說，什麼都吃一點點的快樂，重點不在於分量，而在於什麼東西通通都擺在看得到的面前，才會有豐盛的感覺。

我的菲律賓好友Guadalupe吃西餐的時候，總是愁眉苦臉，因爲每個人吃自己面前的一份，一道吃完才能吃下一道的吃飯規矩，對崇尚自由的菲律賓人來說，像是酷刑。

「怎麼不能把前菜、湯、主菜、甜點通通一次上來呢？這樣我就可以每一種都吃一點，先吃一口甜點，再吃一口牛排，接著再吃一口青菜沙拉，那該有多好啊！」這種對大雜燴的熱愛，或許解釋了爲什麼中國吃合菜的餐館，還有吃到飽的西餐廳，在菲律賓無往不利，不用很好吃也沒關係。

但是菲律賓大雜燴精神的代表作，非「哈囉哈囉」（Halo-halo）刨冰莫屬。在他加祿語裡，哈囉哈囉有「把東西攪拌在一起」的意思，裡面什麼都有一點，大花豆、蠶豆、棕櫚子（kaong）、椰果、鷹嘴豆（garbanzo）、蜜糖芭蕉、浸泡蜜糖的波羅蜜、果凍（gulaman）、樹薯、起士，想到什麼水果還可以繼續加，搗成泥的蜜紫薯（ubeng pula）、冰淇淋，最上面撒一小把搗碎壓扁後去烤的未成熟糯米（pinipig）、碎冰，然後澆上奶水。這種二次大戰前日本移民帶來的日式刨冰，在喜歡什麼東西都摻一點點的菲律賓，變成了一整個視覺跟味覺都爆炸的狀態。

台灣的八寶冰，或屏東潮州的燒冷冰，相較之下像是樸素的村姑。

但是台灣確實也有大雜燴的傳統，像是南部鄉下過去會把婚宴或大拜拜流水席剩下的菜餚，隔日通通煮成一大鍋羹湯，變成另一種在地庶民的美味，叫做「雜菜湯」，宜蘭的「西魯肉」也很類似。我記得小時候在高雄鄉下念幼稚園的時候，每個禮拜六，老師也延續這種煮只有菲律賓人才知道的腰果糖。

緬甸用辣木葉煮成的「公湯」。

泰國街頭的刨冰。

全世界都是我的餐桌

幾乎每一個炙熱的城市，都有刨冰的存在。從墨西哥到夏威夷，從菲律賓到印尼，刨冰在我的心目中，不是甜品，是正餐！

「雜菜湯」的傳統，交代每個小朋友要把自己最不喜歡的蔬菜帶一點到學校來，然後老師們就會把這些所有小朋友都不喜歡的蔬菜（現在回想起來恐怕有百分之九十是胡蘿蔔），加上市場買來的一些配料，煮成一鍋雜菜湯，一人一碗喝完了才回家。神奇的是，大家把自己不喜歡的蔬菜混在一起之後，卻變成我記憶中最美味的一道湯料理。

台灣南部農家收成、或是結婚這種人多又忙碌的日子，不一定什麼時候多少人吃飯，實在難以準備。所以就把菜市場上所有看得見的好料，鮮蝦、蛤仔、牡蠣、魚片、魚皮、花枝、雞肉、豬肉、大白菜、高麗菜、酸菜，通通煮成一大鍋，要吃的時候才將冷飯加進去變成「飯湯」。

這樣想來，菲律賓人跟台灣南部人，飲食習慣上確實有很多相像的地方，什麼菜都甜甜的這一點，也如出一轍。

大多數沒有到過亞洲的西方人，吃飯的時候喜歡自己一人一盤，只點自己喜歡的東西吃。如果一定要分食，菜一上來，就要將盤子沿著順時鐘或是逆時鐘方向傳一輪，傳到面前的時候想要的就拿一點，不想要的話就傳給下一個人，所以每個人吃到的，都是沒人動過的新菜，基本上，不大有人會夾第二輪。這種不親切的吃法，跟台灣人或菲律賓人在飯桌上，恐怕都會八字不合。

但是當我在緬甸跟菲律賓同事一起工作的時候，發現菲律賓人雖然因為什麼都喜歡同時吃一點，很能接受緬甸平常大家吃合菜的傳統，但也有不可跨越的極限。

緬甸式的合菜，一定會包括一大碗湯，但是跟中菜不同的是，只會有一根小湯匙。同桌一起吃飯的人，都要直接用同一根湯匙喝同一碗湯。

每個人都直接對嘴用湯匙喝，喝完了就將湯匙放回湯碗裡，下一個要喝的人，繼續用同一根湯匙，感覺上就算不得肝炎也一定會被傳染到感冒。除了緬甸人，似乎所有在緬甸的外國人都無法放下心防，接受這種喝湯方法，但又不敢直說。

在鄉下做社區工作，爲了入境隨俗，不喝的話，好像暗地裡嫌他們髒。所以我最後想出一個偷吃步，那就是在同桌第一個人開始喝湯，但湯匙還沒放回湯碗的黃金瞬間，以迅雷不及掩耳的明快速度，也緊接著將我的湯匙伸進湯碗裡，舀出一匙湯，在眾人面前喝下去，露出喜悅滿足的樣子，還要記得向身旁的人對這湯給出一些佳評，鼓勵他們也喝喝看，然後自然、悠閒地把我的湯匙插進湯碗裡。從此到這頓飯結束，我就可以不再喝湯，因爲我是第二個喝的，不是搶第一個，所以不至於不禮貌，但是我也沒有喝到任何人的口水。萬一有人白目問我怎麼不喝湯的話，我還可以泰然自若地指著隔壁的證人說：「有啊有啊！我喝了，我還跟那個誰誰說味道很讚呢！」

每次在緬甸的食桌上，遇到這一大碗只有一根小湯匙的湯，都會搞得我身心俱疲。

20 道地的印尼牛肉丸子

原來所謂的道地，到頭來就是不道地。
因為不道地，才特別好吃。

開齋節前夕，我問來自印尼的看護工安娜特別想吃什麼，她不假思索地說：「想吃Bakso（牛肉丸）！」

「喔！那還不簡單！」我的腦海裡立刻浮現出傳統菜市場賣各式丸類的攤子。「我去附近菜市場就有。」

我心裡還在嘟囔著，安娜不是常常去菜市場買菜嗎？應該每天有看到賣丸子的，怎麼會從來沒買，還特別想在開齋節的大日子吃？不是應該吃全羊的嗎？

「那不一樣！」安娜立刻抗議。「我想吃的是『眞正的』牛肉丸。」

好奇之下，我問住在屏東的印尼外配好朋友莉莉，Bakso跟台灣菜市場買得到的牛肉丸，眞的不一樣嗎？

莉莉一開始說差不多，仔細想想後改口：「眞的不一樣。」

到我們講完的時候，莉莉已經按捺不住地說：「都是你害的啊！被你說得我也好想吃Bakso啊！」

於是我們開始討論「台灣哪裡可以買得到？」這個實際問題，最後莉莉決定週末的時候到印尼外勞聚集的公園去探聽。在這之前，我帶著安娜到台北車站附近的印尼小吃店一家一家問，最後終於有一家快要歇業的小店有賣牛肉丸湯麵。結果湯麵極爲難吃，但是裡面的兩、三顆小小牛肉丸好吃極了，確實跟台灣的牛肉丸不同，特別堅韌彈牙，味道也偏濃厚。

牛絞肉中加的樹薯粉、魚露、薑黃、砂糖，大概是讓Bakso的味道變得跟台灣的牛肉丸子不一樣的地方，還有用手的虎口擠出來有點不規則的形狀，提醒食客這是手工揉出來的丸子。

最後我們整碗麵條幾乎沒碰，卻對牛肉丸本身意猶未盡，老闆勉強讓我們用一顆十元台幣的價格，先買了幾顆回家解饞。爲了能夠吃得久一些，安娜每次炒飯時切兩顆丸子變成炒飯料。

莉莉回報的結果讓人大出意料之外。原來在屏東的印尼外勞，特別想吃Bakso的時候，大家會共同出一點錢，跟住在宜蘭的一個印尼廚師訂購一包，然後低溫宅配，聽說是絕無僅有的純正印尼牛肉丸。接著請可以自由在雇主家使用廚房的資深看護工煮好了，帶到公園去，大夥兒一起分食。

但當要問宜蘭賣家的電話號碼時，唯一掌握聯絡資訊的看護工卻堅持不願意洩露這個最高機密，必須要透過她才行。

旁敲側擊的結果，才知道原來作爲介紹人，每包六百元的牛肉丸她可以賺取五十元的介紹費。

「我只是要買個牛肉丸，人在台北卻要人從屏東跟宜蘭訂貨送到台北，這也實在太麻煩了啊！」我不禁嘟囔著。但是一想到離鄉背井的安娜收到丸子時的驚喜表情，也就只好認了。

「既然這麼麻煩，那就乾脆弄得更麻煩吧！」

於是在高中地理老師秋瑾的幫助下，我們架設了一個一次性的訂購網頁，讓想買卻跟我們一樣沒有門路的人，都可以買到，也順便幫這個代購的看護工賺點零用錢。

我們的標題是——

純正的印尼牛肉丸，直接跟印尼看護工買！

現在開放網購！

說明的文字中明明白白寫著——

台灣有至少二十五萬印尼朋友居住在我們之中，但是你吃過他們日思夜想的家鄉味：超彈牙的牛肉丸嗎？今年開齋節的時候，幾位想念牛肉丸的印尼朋友不約而同說「好想吃Bakso！」經過到處詢問，我們發現在宜蘭有一位印尼朋友專門親自製作好幾種式樣的道地印尼清蒸牛肉丸提供宅配，於是一位在屏東工作的看護工自告奮勇，要幫大家團購，一共有四種組合，每一包都是台幣六百元，免加運費，貨到付款，每向這位幫大家收款、訂購的看護工買一包，她就可以賺取五十元的介紹費，對薪水微薄的她，也是不無小補的零用錢喔！

同時，我們附上有圖的傳單，上面標示著四種Bakso的不同包裝跟口味，價格一律每包台幣六百元。第一種是裡面有五十顆小牛肉丸；第二種組合是一顆超大肉丸、一顆包雞蛋的肉丸，跟兩顆豆腐肉丸，還有十六顆小肉丸；第三種包裝是一顆包雞蛋肉丸加上三顆鵪鶉蛋肉丸、三顆豆腐肉丸跟三十五顆小肉丸；第四種包裝則是十顆豆腐肉丸跟三十五顆小肉丸，每包都隨著肉丸附兩大包湯頭（高湯）、調味料、芹菜、辣醬、紅蔥酥。一開始我覺得很奇怪，何必費事去冷凍運送看起來清清如水的湯頭？既重，萬一破洞又容易流得到處都是，調味料看起來也很普通。但看到安娜極其珍貴地使用這些「標準配備」，我才意識到，所謂故鄉的味道是藏在細微的感受中。

牛肉清湯中是多了那一點剝皮的薑黃、肉桂、豆蔻、魚露、丁香和那幾滴萊姆汁，讓細緻的味覺跟家鄉的廚房，突然之間像電線通電那樣瞬間連結起來。

這其實可以理解，比如說住在國外的台灣人，努力做了油飯卻沒有紅紅的不知道是什麼東西的沾醬，或是肉圓少了上面的幾葉新鮮香菜，無論如何就是少了點什麼，對離鄉背井的人來說，細節很重要啊！

台北車站的牛肉丸湯麵之所以不好吃，或許就是因為用了台灣式的油麵跟湯底，所以就算有印尼牛肉丸，也總覺得哪裡怪怪的，好像油水分離那樣充滿違和感。

結果這次特別的團購，眞的吸引了不少好奇的初次購買者，還有特別體貼想買給家裡印尼看護工吃的台灣雇主，甚至連我退休在花蓮鄉間的高中老師，都勇敢地進行了人生的第一次網購。

只是辛苦了莉莉。因爲這位掌握機密電話號碼的印尼看護工，既不會使用網路，也不會用Excel，更不知道如何用電子信箱的帳戶進入訂購後台，最後通通都是由莉莉代勞，還將訂單都幫忙翻譯成印尼文，列印出來以後交給這位看護工，打電話到宜蘭一一念給廚師聽。不過莉莉也很樂觀，她說因此學會了怎麼使用Google文件跟Excel表單比較複雜的功能，也挺好的。

折騰幾個星期，終於收到牛肉丸以後，包裝裡面就附有住在宜蘭的印尼廚師手機號碼，以後就可以直接跟廚師訂購，不用那麼麻煩，眞是太好了。

但是我卻對這位從未謀面的印尼廚師充滿了好奇，他一定是很有生意頭腦的人，才想得到作爲一個外國人，可以在台灣不用開店就將自己的廚藝變成生財工具，同時運用印尼人喜歡群體生活的特性，用給介紹費來口耳行銷。廚師是男是女，又是一個怎麼樣的人呢？

其實牛肉丸子這樣東西，在印尼幾乎大街小巷都有，各種煎煮炒炸都行，儼然是印尼的傳統食物，但仔細探究起來，應該也是當年華人移民印尼時傳過去的。如今印尼人來到華人的土地生活，卻堅持印尼的丸子比台灣的更好吃，十分微妙。

原來所謂的道地，到頭來就是不道地。

因爲不道地，才特別好吃。

「眞好吃！」我喝完安娜煮好的印尼丸子湯，忍不住心滿意足地嘆了一口氣。看來我和美食家的距離，就像天上的星星一樣遠啊！

21 對道地的渴望

到頭來，所謂的「道地家鄉味」跟好吃不好吃，其實關係不大，唯一有關係的，是那份對於食物的情感。

我可以理解在台灣工作的印尼人，爲什麼會嚮往對台灣人來說一碗平凡無奇的印尼牛肉丸湯。

因爲當我夏天人在柏林時，每逢週末無論如何，也一定要去Preußen-Park（普魯士公園）趕赴泰國市集。

有人無酒不歡，我卻是「無芒果不歡」的人。在柏林，只有到普魯士公園去，才可能吃到道地的「芒果糯米飯」（ข้าวเหนียวมะม่วง）。

在歐洲，要吃到像樣的芒果，是很難的事，因爲當地超市能找到的，通常是進口自巴西、墨西哥的愛文芒果，爲了長期運輸跟上架販賣，所以都很青就收割、浸泡藥水，完全沒有芒果該有的香氣，甚至就算擺到爛了也可能不會成熟。就算很幸運挑到成熟甜美的，但是愛文芒果偏酸，果肉纖維又多，拿來做芒果糯米飯，其實並不好吃。

每到假日就會變身成「小泰國」（Thaiwiese）的普魯士公園裡，有一個泰國婦人，總會每週不惜重金從曼谷空運兩箱果肉細緻無渣，香甜不酸，據說因爲帶著一股淡淡的水仙花香氣而得名的金黃色「水仙芒」（nam dok mai），拿來當場削芒果，搭配她用整枝翠綠的香蘭葉和椰漿煮成的糯米飯，裝在樂扣盒子裡，一份十歐元。價格雖然高，我卻總是毫不猶豫，看到必買。

「是不是！」芒果阿桑會揮著水果刀，得意洋洋地看著我吃下肉質綿密而多汁的水仙芒，跟帶著強烈香蘭和椰子香氣的糯米飯時，第一口的滿足表情。「是不是跟你在曼谷吃到的一模一樣！」

其實我居住在曼谷的時間，算起來可能比柏林普魯士公園裡賣芒果的阿桑還長，我吃過眞正好吃的芒果糯米飯，也很可能比她吃過的更多。但她引以爲傲的，是故鄉記憶裡揮之不去的味道，那對故鄉土地思念的濃度和厚度，是我永遠無法比擬的。

在這遙遠的歐洲，一般當地人三塊歐元就可以買一份泰式炒麵，不會輕易花十歐元買一小盒芒果糯米飯，只有眞正知道芒果糯米飯應該要有的滋味是什麼樣的人，才會下手。每箱芒果十二顆，也就是說芒果阿桑一個週末生意再好，頂多也就是把這二十四顆芒果賣掉。

在德國竟然可以如此強求任性，吃到道地的泰國芒果糯米飯，感覺是一種成就。我記得有一次航海工作的時候，在阿拉斯加一個港口停泊，看到一個菲律賓人開的小店，裡面擠滿了我們船的菲律賓船員，本來還以爲出了什麼意外，趕緊湊過去看，竟然發現一群大男人，都正興高采烈地在搶購一種叫做「Boy Bawang」（蒜頭男孩）的食物。那是整顆炸過的玉米裹大蒜粉的兒童零食，能夠在冰天雪地的阿拉斯加吃到，想來對菲律賓船員意義非凡。

其實就像長年住在海外的台灣成年人，如果突然在貨架上看到「乖乖」，應該會很興奮吧？不過乖乖這種東西，不是台灣發明的，據說是一九三〇年代一個叫做Edward Wilson的美國人，他原本是個動物飼料搗碎機的操作員，當時爲了預防機器卡住，都會放一些濕的玉米粒下去，結果因爲機器高溫，意外形成了乖乖，他覺得很有趣，所以帶回家給小朋友吃。這個東西，後來就以「Korn Kurls」的名字上市，但這是屬於許多孩子的童年回憶，從俄羅斯到台灣，美國到德國，同樣的東西，台灣人就算在美國超市看到美國版也不會買，必須看到叫做「乖乖」才會想買，就像俄羅斯人要看到Кузя Лакомкин包裝才覺得是「眞的」。

到頭來，所謂的「道地家鄉味」跟好吃不好吃，其實關係不大，唯一有關係的，是那份對於食物的情感。

要不是這樣，我在紐約的台灣朋友，不會特地去當地台灣人經營的坐月子中心，訂了一整套月子餐，吃了兩個禮拜，只因爲菜單上有一道她朝思暮想的「虱目魚湯」，問題是我這朋友，既沒生小孩，也沒懷孕。但是她想喝一碗台南虱目魚湯的渴望，已經到達不擇手段的地步。

我在緬甸的曼德勒，遇到一位尼泊爾族的同事，從小到大在仰光長大，第一次離鄉背井工作，我問他最想念什麼，她想了很久後說：「我想要早上來一碗Mohinga（魚湯麵）。」

魚湯麵其實就是鯰魚熬成的濃湯裡面加米線，屬於路邊小販挑著扁擔的庶民料理，曼德勒當然也有，但她可以找出一百個仰光的魚湯麵比曼德勒的好吃的理由，其中很多搞不好是很奇怪的，像是油蔥味道不一樣之類的。然而正是這種極其細微的區別，讓我們對於道地與不道地之間，畫出一條清清楚楚的楚河漢界。

於是隔天早上，我們決定做一鍋道地的仰光魚湯麵來解饞。首先去市場挑了一條兩斤的鯰魚，回廚房洗乾淨以後，開始加水煮，第一次煮沸的水倒掉再煮，等煮軟了以後去魚皮和魚骨頭。

這時候拿一個大炒鍋，放大蒜、洋蔥、辣椒粉在油裡面爆香後，把煮軟挑去刺的魚肉連湯放進油鍋攪拌，大約五分鐘後，可以把米磨成的粉摻水加進湯中增加黏稠。攪拌均勻、煮沸以後放一些鹽和魚露，再把搗碎的花生加進去。煮個半小時之後，會逐漸收乾成褐色的濃湯。

這時候把煮熟瀝乾的麵或是米粉放在一個空碗中，加一些剁成指甲大小的水煮蛋的蛋白、剁碎的檸檬香茅、辣椒粉，擠一點檸檬汁，然後把熱熱的魚湯慢慢澆上去，直到淹蓋過麵爲止。

花了兩、三個小時，終於做出來的一人一小碗魚湯麵，果然有仰光的味道。雖然仰光從來不是我的故鄉，但是在那時刻，我也莫名地一面冒汗喝著湯，一面跟著女孩熱淚盈眶。

「就是這味道啊！」

我不知道是不是眞的，但是我也覺得柏林的衣索比亞料理，比在波士頓吃的道地。問題是從來沒有去過衣索比亞的我，眞的知道道地的衣索比亞料理是怎樣的嗎？在柏林這家叫做「Bejte」的衣索比亞飯館，顧客大多是衣索比亞人，在餐館中前後裡外工作的，也都是來自衣索比亞的同一家人，而不是請來的專業服務生，出菜速度既慢又充滿混亂。餐廳角落，還有一個專門用傳統方式烘烤咖啡豆、煮咖啡給客人飯後喝的小區域，這些小細節，讓我堅信波士頓的餐廳，肯定不如柏林的道地，雖然我並不知道事實是怎樣的。

如果一個從來沒有去過台灣的美國人，也和我一樣用自己的方式，言之鑿鑿告訴我紐約有「小台北」之稱的法拉盛，最道地的火鍋店是「小綿羊」，我一定會覺得這個人沒救了吧？

我住在曼谷的俄羅斯好友帕維爾，興高采烈地在曼谷用燕麥、雞蛋、牛奶、番茄醬，做出他在莫斯科上小學時的營養午餐復刻版。在一口口充滿回憶的喜悅背後，也很吃驚地發現，原來以前覺得很特別的好吃東西，竟然是這幾樣廉價的食材，任何人隨便攪拌兩下就可以做成的。

既然已經說到這麼絕，就讓我透露一個小祕密吧！其實，俄羅斯的乖乖，跟巴基斯坦的芒果，都比台灣的好吃，而台灣的牛肉丸子，當然比印尼的Bakso好吃。

但事實對於渴望「道地」滋味的人來說，一點都不重要。

我在仰光長住的日本友人，久而久之，
Mohinga（魚湯麵）也有了自己的風格。

德國柏林的 KaDeWe 百貨店中，每年都至少要去喝上一次的馬賽海鮮湯，比在法國馬賽美味。

美國華盛頓特區的台灣珍珠奶茶店「日出茶太」。

全世界都是我的餐桌

德國柏林的台灣珍珠奶茶店 COME BUY，成為台灣人思念故鄉的味道時，會搭幾個小時的火車來喝上一杯的地方。

22 全緬甸最好喝的奶茶

從此以後，無論到世界各地，只要在印度餐館吃飯，我一定會喝一杯奶茶，紀念當時的年少不羈。

自從在緬甸工作以後，我發現當地人對於傳統奶茶（Lahpet Yea）的執著，就跟新加坡人對傳統咖啡同樣講究。

在資訊封閉、還沒有開放網路跟新聞的時代，緬甸大街小巷路邊的奶茶店，可以說是緬甸傳統社會的入口網站。每天早上到奶茶店報到，基本上就可以掌握當天清晨短波收音機裡美國之音（VOA）或是英國廣播公司（BBC）所有的「眞實」新聞。這裡有讀報的，早晨誦經的，趁上班前談事的，帶著要上學的小孩背著書包來吃早餐的，等著生意上門的三輪車司機。就連沒有活兒可幹的臨時工人，也會喝完一杯奶茶後賴著不走，繼續喝著用曬乾的絲瓜當濾心的溫水瓶裡，可以無限續杯的熱茶（中國綠茶），從清晨到深夜，瞪著遠方等著人家來吆喝找臨時工。

奶茶店基本上就是路邊幾張很矮的小木桌跟小椅子，形式很像早期台南擔擔麵會使用的桌椅，但是更小，一字排開擺在人行道上，熱鬧極了，這幾年大都市改用塑膠桌椅，但氣氛還是沒有改變。不知情的中國人恐怕以爲是在辦麻將大賽。最近仰光市區有些高級地段，行政當局覺得人行道上擺攤影響市容，但早上在路邊喝奶茶的習慣很難改變，所以出現了停在停車格裡的奶茶卡車，同樣的小桌椅擺在卡車後面繼續喝。不過這景象實在太滑稽了，所以不久大家就又回到路邊。

「Lahpet Yea」雖然直譯是「茶葉水」，但是只要在奶茶店點Lahpet Yea，就像在Kopitiam點了Kopi，基本款就是已經加了煉乳的炭燒奶茶。

正常的叫做「Bone Mahn」，但對緬甸人來說所謂的正常，應該都是蒼蠅轉世來著。

如果要更甜，多一倍煉乳的話，就要點「Cho Seh」。

如果要茶濃一點的，要點「Baw Hseent」。

想要茶超濃的話，就要點「Jah Hseent」，這通常是我點的版本。

至於口味超重，要又苦又甜又濃通通集於一杯的話，那就非「Pancho」莫屬了。

雖然有這麼多複雜的選擇，問每一個緬甸人，他的心裡都有一間無敵好喝的奶茶店。但殘酷的事實是，其實很多路邊的小奶茶攤或是餐廳，根本沒有什麼獨家配方，甚至沒有在廚房裡煮一壺奶茶，只是用超級市場賣的三合一奶茶粉末，加熱水沖泡而已，唯一的區別只是額外添加煉乳、奶水跟砂糖的分量。當然，這幾樣東西，也都是現成的。

然而，我們還是有心中的第一名。比如我會買Royal牌的奶茶粉，專門帶到緬甸境外，想喝奶茶的時候泡來喝，我甚至會堅持跟朋友說：「Royal的緬甸奶茶，跟在鄉下路邊喝到的味道一模一樣，甚至有一股炭燒的香味，喝一口，所有的回憶都湧上唇邊。」

這口即溶的緬甸奶茶，能夠神奇地將我帶回到塵土飛揚的緬甸鄉下路邊，竹編的小亭子，木輪子的馬車軲轆軲轆地經過我的小板凳旁邊，揚起一陣灰沙。甚至通過舌頭的味蕾，可以感受到陽光曬在我脖子後面的細毛，那種癢癢的感覺，經驗告訴我，是快要曬傷發紅的先兆。

典型的緬甸奶茶鋪。

其實我的心裡再清楚不過，神奇的不是Royal奶茶，而是貧困鄉下路邊的奶茶攤，總是用Royal牌的奶茶泡給客人喝而已。味道，當然是一樣的（笑）。然而，味覺卻可以將我們一次又一次地帶回到當時的現場，無論是童年，還是旅行，或是第一次約會的時空，於是我們斬釘截鐵地說：「啊！對了！我記得！就是這個味道！」

說到奶茶，我又想到大學時代第一次跟兩個好朋友一起去印度當背包客旅行的時候，每天必做的功課，是三個人每天至少要一起喝上一杯奶茶。

這個回憶，多年之後我們聊起來印象仍然很深。就是路邊的奶茶杯，是沒有上釉、充滿毛細孔的粗陶坯。喝完這杯小小的奶茶以後，就學當地人，將這空了的陶土杯，狠狠摔碎在塵土飛揚的泥土路上，看著杯子應聲而碎，竟有一種不可思議的解放感，不知不覺就變成了我們那趟旅行每日不可或缺的儀式。

從此以後，無論到世界各地，只要在印度餐館吃飯，我一定會喝一杯奶茶，紀念當時的年少不羈。

只要喝一口，我就會立刻想起當年那場跟這兩位好朋友的背包旅行。如今，其中一位生了個兒子，理所當然成了我的乾兒子，是個一心想成爲職業足球員的青少年。另一位幾年前則因爲某個我無法明白的奇怪理由，突然與我片面絕交，但每次喝印度奶茶的時候，對於我們三個人的記憶，還永遠是無憂無慮的大學生，無話不談的好朋友。

當然，現在喝完以後，我再也不會將杯子往地上摔了。

至於奶茶本身的味道，老實說，我怎樣也想不起來。

如果「景觀」是一種看得見的愛，那麼「味道」肯定是收藏回憶的一種方式，用熱水一沖，就像一片蜷曲乾燥的烏龍茶葉，快樂地舒展開來，透過味道，讓回憶瞬間又活了過來。

23

沒關係，就用自己喜歡的方式吃吧！

畢竟「好吃」，本來就不是件理性的事，所以不要管別人，就按照自己喜歡的方式，好好享受食物吧！

我是一個喜歡吃的人，甚至到了朋友們開玩笑稱爲「吃貨」的地步，但我並不喜歡評論食物，很少看別人寫的食誌，不在乎米其林餐廳的評價，也不怎麼跟所謂的美食評論家往來。因爲我相信「吃」是一件私密、個人、主觀的經驗，就像戀愛一樣，沒有人有權利告訴另一個人應該怎麼吃。我愛不愛，覺得好不好吃，不需要別人規定。

禮尚往來，對於別人喜歡怎麼吃，我也盡量閉嘴。

你說麥當勞那個什麼堡好吃，吃吧！

你覺得那種紅紅的蟹肉棒好吃，盡量吃吧！

那家什麼黃金比例的茶好喝？請喝吧！

只要別邀我一塊兒，你想怎麼樣都行。

我剛到波士頓念書的時候，有一回跟愛爾蘭裔的當地朋友全家去中國餐館吃飯。我這朋友的老媽媽，一壺熱茶上來，她立刻就熟練地倒了半杯，然後拿起醬油罐子，朝茶杯裡倒了半杯。我還來不及阻止，坐在老太太旁邊從小到大最好的朋友，也照樣這麼做，然後兩個人乾杯，就這樣把醬油泡茶喝下去了。

「啊！」我張大了嘴巴，驚訝到說不出話來。

「怎麼了嗎？」喝完以後，兩個老太太又開始調第二杯。

「妳以前這樣喝過嗎？」我試探地問。

「中餐館的茶本來就是這樣喝的啊！你不知道嗎？」老太太理直氣壯地說。

原本我要說的話，就又通通吞了進去。

我想到德國人在餐廳喜歡點Spezi配飯吃，這種聽起來好像很厲害的飲料，其實就是可樂混芬達。

搭德國漢莎航空，飲料餐車經過時最大的文化衝擊，就是十個乘客有八個會理所當然地點Apfelschorle，空服員東調調西調調，交給乘客，每個德國客人喝了這看起來像香檳的飲料，立刻就都露出像嬰兒般放鬆的表情。

「這是什麼神奇的東西？我也要！」

結果根本就是蘋果汁跟氣泡水以各一半的比例混合的「蘋果氣泡水」。這種其他人一聽就會覺得不好喝的東西，卻是很多德國人從襁褓時期就開始喝的必備飲料。

後來我才發現，德國人真的很喜歡把東西摻在一起喝。像是可樂摻啤酒，叫做「Diesel」（柴油）。雪碧摻啤酒，叫做「Radler」。芬達摻啤酒，就變成「Alster」。雖然我心中很懷疑，這種混合飲料真的好喝嗎？但是無論怎樣，也絕對比熱熱的醬油茶好喝。

然而喝醬油茶的愛爾蘭老太太，一定會覺得台灣的豬油拌飯，還有滷過的鴨舌，那才叫做噁心吧？

每年「國際小姐」（Miss Universe）選美比賽都會在日本舉行，體驗傳統日本茶道，也是各國佳麗不可或缺的行程。很多亞洲人從小就是「抹茶控」，覺得抹茶無論摻進任何甜點裡都會超級美味。我看著電視上的某個非洲國家代表，在攝影機前面皺著眉頭喝下去以後，記者問她有什麼心得，這個從小到大從來沒有嚐過抹茶味道的黑人美女，對於抹茶的味道顯然非常震驚，而且不是好的那種，感覺上已經快要嘔吐了，但在攝影機前面又要想辦法想出不帶負面的評語，於是她勉強擠出半個笑容，說出了我永遠無法忘記的世紀經典抹茶讚——

「抹茶……嗯，我好像可以嚐到整個海洋，全都濃縮到這一碗裡了。」

說完捂著嘴、捧著心，不知道跑到哪裡，鏡頭這時立刻匆匆轉去訪問另外一位佳麗。電視機前面的我，簡直要笑翻了。

我在美國紐約有位非常愛咖啡、也很懂咖啡的朋友，每次都特別交代我從台灣，向一位賣咖啡的朋友，買幾磅咖啡豆給他，因爲那是他喝過最美味的咖啡之一。

匪夷所思的是，這朋友指定要的是「耶加雪夫」（Yirgacheffe）。老實說，我也覺得耶加雪夫咖啡挺美味，畢竟它曾經是衣索比亞王室專屬的咖啡。但是爲什麼來自衣索比亞耶加雪夫霧谷的咖啡原豆，千里迢迢運送到台灣的雲林，經過我進口的朋友淺焙之後，再讓我搭飛機帶到美國東岸，會特別好喝呢？這已經完全不是理性跟科學可以解釋的事。

有時候，我在日本會去平價的「丸龜製麵」吃烏龍麵，點麵的時候選擇湯麵、生蛋拌麵，或是沾麵的基本類型。拿到一碗沒有經過調味的清烏龍麵，任何醬汁配料，生薑末、蔥花、芥末、白芝麻，配菜天婦羅要吃炸蓮藕、炸蝦，還是塞起士條的炸竹輪，要冷的還是熱的天婦羅沾醬，甚至要吃乾的還是湯的，都自己在旁邊的自助料理檯決定。所以這一碗麵，忠實反應了吃麵人的性格跟喜好，每個人都可以吃到自己覺得好吃的烏龍麵，而不需要接受廚師的標準。我認爲這是「丸龜製麵」之所以能夠在夏威夷、曼谷、甚至莫斯科都成功，比廉價更重要的原因。

畢竟「好吃」，本來就不是件理性的事，所以不要管別人，就按照自己喜歡的方式，好好享受食物吧！其實，德國的蘋果氣泡水配雲林的衣索比亞耶加雪夫咖啡，還眞的滿好喝的。

24
俄羅斯的濃茶

那一刻，我才發現許多所謂「傳統」飲食習慣，背後並不是「愛」，而是「不得已」。

我到一個住在曼谷的俄羅斯好朋友家時，他隨口問我要喝茶嗎？我興奮地說好，滿心期待傳統的俄羅斯紅茶。

於是他燒了水，拿了兩個立頓茶包，分別放進兩個馬克杯裡，一杯給我，一杯他自己端著要喝。

「咦？俄國人喝茶不是都會備一壺涼的濃茶，隨時要喝的時候才加點熱水稀釋喝嗎？」我心裡想著安德烈．康查洛夫斯基（Andrei Konchalovsky）導演的《郵差的白夜》這部電影裡面的畫面。

這部威尼斯影展得獎的作品，講述在俄羅斯北部Kenozoro大湖對岸一個偏僻的小村莊，如何靠著郵差和他的小船，維持村民跟外面世界的聯繫。電影中的所有演員都是村莊裡的眞實人物，片中的生活場景，跟我在船上工作時，船停在聖彼得堡郊區的港口，所看到的日常生活場景相當一致。

這個在莫斯科長大的年輕人帕維爾，瞪大眼睛看著我說：「你瘋了嗎？俄國人不是因爲愛喝濃縮茶，是因爲窮，茶葉泡完捨不得丟，又爲了省電省瓦斯，所以才會先燒一壺泡著啊！」

說得也是，如果有茶葉有電有瓦斯，誰會想要把茶葉泡到隔夜，弄得又苦又澀，然後像喝中藥似地兌開水喝呢？

所以中產階級家庭長大的帕維爾，喝茶跟所有人一樣，泡到差不多自己想要的濃度了，茶包就拿起來扔掉。

喝立頓茶包，我就認了，可是著名的俄羅斯茶點呢？

「茶點在哪裡？俄羅斯人喝茶，不是一定要配很多茶點嗎？」我大驚小怪地呼叫。「還有果醬呢？俄羅斯紅茶不就是要加果醬嗎？」

帕維爾家也沒有像電影裡那樣，櫥櫃打開就是大盤小碟的蛋糕、烤餅、餡餅、甜麵包、餅乾、糖塊、果醬、蜂蜜等等茶點，喝茶的時候就搬出來。我打開他廚房的櫥櫃，跟我家的櫥櫃沒什麼兩樣，除了幾個杯子跟一包砂糖，什麼吃的都沒有！

帕維爾用略帶同情，又覺得好笑的表情看著我說：「俄國如果跟泰國一樣方便，住家樓下沒幾步就有二十四小時便利商店，要吃什麼隨時買得到的話，幹麼買一堆放著？」

我打開他的冰箱，裡面有一些帕維爾的媽媽探親時帶來的幾罐魚子醬，半盒雞蛋，用了一半的奶油，跟幾罐啤酒，別的就沒有了。跟所有人一樣，脫離配給跟物資匱乏的時代，這一代吃麥當勞長大的俄國年輕人，早就養成吃多少、買多少的習慣。

「那傳說中的果醬紅茶呢？」我還不死心。

帕維爾歪著頭想了一想。「加果醬應該是因爲隔夜茶太澀了很難喝，所以才加一點比較容易入口吧？」

「所以不是俄國人都愛這樣喝茶？」

「誰會愛啊？那是不得已的好嗎！」

俄羅斯著名的醃蘋果跟酸菜，其實也都是這樣的吧？

那一刻，我才發現許多所謂「傳統」飲食習慣，背後並不是「愛」，而是「不得已」。

台灣人引以爲傲的「度小月擔仔麵」，起源根據維基百科，是清末光緒年間台南的漁夫洪芋頭，因爲台南清明時節與夏季七至九月分時常有颱風侵擾，風雨交加導致不易出海捕魚，生計困難，所以把這段颱風來襲頻繁、無法出海捕魚，生計維持不易的月分稱爲「小月」，洪芋頭就在台南市水仙宮廟前扛著扁擔、叫賣麵食。

所以擔擔麵路邊的桌子椅子特別小，應該就像俄國的隔夜濃茶，不是特別設計，而是不得已的現實。但是堅持要坐在這種小桌椅吃擔擔麵才會覺得好吃的人，就像我向帕維爾抗議茶沒有隔夜後再用熱水稀釋便不道地一樣可笑。

發明泡麵的安藤百福老先生，在戰爭期間賣麵，當時他意識到很多人饑荒餓死的慘劇，並不是因爲沒有食物，而是因爲像麵條這樣的食物無法長期保存，所以在戰火中等運送到需要的地方，麵條都已經餿壞了，但是如果先炸過，就可以保存很長的時間，這麼一來，就可以避免更多人餓死。所以泡麵的誕生，也是因爲「不得已」，而不是因爲認爲泡麵比新鮮的麵條好吃。

當我在東京，看到安藤先生創立的日清食品，如火如荼在東京歌舞伎町的公園裡，舉辦

俄羅斯紅茶，說穿了不過是隔夜苦澀冷卻的濃茶，是過去食物配合跟燃料不足的時代產物，時間久了，卻變成了不可或缺、無法取代的特色。高雄的雜菜羹，宜蘭的西魯肉，不也是如此。

拿他們家泡麵跟各家名店現擀麵條的ＰＫ大賽時，我心想著如果安藤先生地下有知，應該也會笑得東倒西歪吧！

我在緬甸撣邦的果敢地區工作，當地的果敢族人喝當地種的綠茶，原本是沒有名字的，但是出了果敢地區，就有了一個特殊的名字，叫做「果敢茶」。有些到撣邦造訪有機農場的志工朋友，喝了之後念念不忘，回到了大城市仰光，還特地到當地的超級市場去找果敢茶，遍尋不著，神色還挺落寞的。我忍不住笑了。

「當地人如果可以不要喝這麼劣質的茶葉，應該會很高興用果敢茶跟你交換你喝的高山烏龍茶吧！」

只要去過撣邦茶園的人都知道，當地的茶樹絕對不是採一心二葉，而是任憑深綠色的茶葉在山裡豪邁地生長到巴掌大，然後像剁豬菜那樣用大菜刀切碎了以後曬乾。所以茶葉又厚又有著銳利會割嘴的邊緣，根本稱不上有什麼香氣，熱水一沖，茶葉的粗大樹枝還會浮在水面上。這樣的茶，真的不用特地千里迢迢買到產茶勝地台灣啊！

日本所謂的焙茶（Hōjicha，ほうじ茶），也是同樣的意思。除了京都之外，焙茶通常用的是等級最普通的「番茶」（bancha）的季節尾巴最後一批收成做的，這種等級太差的茶葉，已經沒有蒸菁的價值，所以在瓷器上直接烘烤了以後勉強隨便喝喝，秤斤賣或是做成茶包，有點味道就行，不是用來品味的茶葉，也沒必要去探討香氣或是營養成分。番茶就像寮國巴色（Pakse）附近生產的咖啡，或是菲律賓塔阿爾（Taal）火山湖附近生產的「Barako」（猛獸）咖啡，這些不知不覺被貼上傳統標籤的食物，雖然沒有不好吃，但是也不用特地去吃。

雖然遇到「世上最好吃」、「人間最美味」這種好事，可遇不可求，需要天時地利人和，但作爲一個對食物充滿熱情的人，我相信無論是撣邦隨便路邊的一杯果敢茶、寮國當季剛採收的咖啡，還是泰國樹上剛摘下來的水仙芒、台南路邊連招牌都沒有的小吃店剛起鍋的一碗擔仔麵，只要是新鮮的東西都不至於難吃。

總是挑新鮮的東西吃，而不特地挑有名的，自然怎麼吃都好吃，這樣的人，當然也就是個有口福之人。

25

假假的中國菜

大多數亞洲人應該覺得這種亞洲快炒是「假」的，卻不明白大多數的顧客之所以上門，正是因為還好不是「真」的。

作爲一個怕麻煩的人，旅行的時候，我不會特意花很多的時間、精力，去尋找最好吃的料理，或以米其林餐廳指南作爲旅行的主軸。因此「世界超級無敵好吃」的東西通常輪不到我，反正只要湊過去跟當地人一起吃當令當地的新鮮食物，要吃到很難吃的東西，也很困難。

然而，「想要吃點熱熱的米飯」的想法，總不時會從亞洲胃竄出，即使在不吃米食的國家也一樣。

很多西方朋友以爲亞洲人挑的亞洲料理一定不錯，但是就好像英國人在義大利，不見得就比亞洲人更知道如何能挑到好吃的義大利料理，我在海外對於中國餐館，其實也覺得莫測高深。我時常在門口徘徊來回走好幾趟，甚至研究門口的菜單，「TripAdvisor」網站上的評語，或偷偷從窗外想看出點端倪，但並不是那麼容易的事。比如說柏林有家叫做「四川餐廳」的素食館子，我無論如何也走不進去，純素的川菜館在成都有嗎？會有素麻辣兔頭嗎？這個賭注太難下。日本大阪阿倍野的商店街裡，也有家當地朋友超推薦的「天津飯」跟麻婆豆腐，但我無論如何也無法相信會把不存在的料裡，當成招牌料理的中國廚師。

「天津飯到底是什麼鬼啊！」是我吃完以後唯一的感想。

在國外時常會看到的中餐廳，往往是吃到飽的便宜中餐廳。我到奧地利南部的格拉茲時，也忍不住飢腸轆轆走進去吃過一次，立刻因爲難吃而後悔。充滿奇怪的炸物跟浸泡在酸甜醬汁裡不知道是什麼東西，卻因爲不吃白不吃，繼續皺著眉頭吞下去，難吃的東西吃了那麼多，事後總是充滿自責和悔恨。

就算如此，同樣的錯誤還是一犯再犯，從蘇格蘭的愛丁堡到立陶宛的維爾紐斯，每吃一次，就多恨自己一點。

難道在歐洲要找到讓人安心的亞洲料理那麼難嗎？

德國有一種中式路邊快餐店兼泡沫紅茶店，大多是新移民的越南人在地鐵站裡或鬧區路邊小亭裡經營的，雖然安心，但是超難吃。一個平口大鐵板，兩大鍋不知道放了多久的冷炒飯跟炒麵，一盒兩、三塊歐元，點餐了以後，原本一直滑手機的老闆懶洋洋地站起來，在鐵板上加一大杯不知道是什麼油，懶洋洋地炒熱了，把軟綿綿的疲憊麵條一股腦兒通通扔進外帶紙盒子裡，就算努力加點了最昂貴的炸豬排或是炒蝦仁，所有醬汁淋上去，還是掩不住悲傷的味道。

越南人明明不會吃這麼難吃的東西啊！

繞了一圈，最後還決定是吃個中東式的沙威瑪，雖然也只比垃圾食物強不了多少，好歹是熱食，現做，有料，可以明確地選擇生菜的種類跟醬料。半夜兩、三點，在沒有二十四小時便利商店的城市，能夠吃到這樣的熱食，每次都心中充滿感謝。但忍不住的亞洲胃還是會像難搞的小孩那般拚命戳著疲憊的腦袋，「可是我想吃米飯啊！」傳達明確的遺憾跟抗議。

從二〇〇四年開始，這種不幸的狀況似乎有了轉機。（作家的貼心小叮嚀：這一句在中文作文的起承轉合上，算是進入「轉」的部分。）

從柏林到都柏林，從倫敦到巴塞隆納，「WOK TO WALK」陸陸續續開了五十多家中式快餐店。荷蘭籍的老闆據說是在亞洲當背包客的時候，連吃了好幾個禮拜這種一個炒鍋走天下的路邊攤，回阿姆斯特丹後覺得怎麼沒有這種店，於是乾脆自己來開一家可以量身訂做的快炒店。先選底（麵、米粉、粿條、白米、糙米或生菜），然後選肉（雞、豬、牛、蝦，都不選當然也可以）、選額外的配料（我總是選鳳梨跟腰果）、選醬料（曼谷、北京、西貢或峇里島式……），廚師在客人眼前現炒，這樣就不會不小心吃到帶骨的麻辣兔頭、有刺的鯰魚，或是懷疑吃到狗肉了。

就這樣，在匆匆忙忙的旅途上，我的胃起碼在十多個國家，曾經受到這家快餐連鎖店的照顧（還可以收集蓋十個章換一餐免費的）。一面吃一面觀察上門的客人，多半是又期待又怕受傷害的西方年輕人，大約都有當過背包客的經驗，想吃亞洲食物，又怕吃到道地的亞洲食物。至於亞洲人跟中老年人，總占來店的極少數。

大多數亞洲人應該覺得這種亞洲快炒是「假」的，卻不明白大多數的顧客之所以上門，正是因爲還好不是「眞」的，所以不用跟任何人道歉、解釋自己爲什麼不吃辣不吃魚露不吃肉不吃骨頭不吃帶殼的蝦子。再怎麼多疑的人都可以親眼看原料怎麼變成成品的每一個步驟，眞是讓人安心。

對於時常受到驚嚇的非東方人來說，肚子餓時可以不用吃特別的東西，眞是太好了。嚐百草的神農氏，最後也是食物中毒死的。我在台灣苗栗的竹南看過祭祀他的五穀先帝廟，廟後面巨大的神農氏神像，全身是奇異的豬肝色，廟祝解釋，那根本就是因爲神農氏常常亂吃東西，食物中毒的結果。

以神農氏爲前車之鑑，旅行的時候，與其吃太特別的東西，我更同意荷蘭人的觀點。旅行中想吃米飯的時候，還是安安心心，吃假假的中餐就可以了——不算最好吃，至少不用擔心吃到狗肉。

布拉格的 MY WOK 偽中餐。

許多城市的 WOK TO WALK，都有我的足跡〈還有集點卡〉。

26

不道地才好吃

會不會正是因為不道地、加入了自己的元素，才特別好吃？

在曼谷，有許多韓國人經營的道地韓國料理店，但我有個日本朋友，到泰國來玩的時候，卻因爲看到旅遊指南上有一家標榜由日本老闆娘經營的韓式料理叫做「韓國亭」，而堅持要我陪著去吃。

「在泰國特地吃日本人開的韓國餐館，不是很奇怪嗎？」我問。

這位大阪來的朋友回答：「我在大阪超愛去韓國人聚集的鶴橋市場一帶吃韓國菜，可是第一次去韓國的時候，卻大失所望，覺得韓國的韓國菜口味太重，怎麼吃都不好吃。所以日本人經營的店，應該會比較適合日本人的口味吧。」

一進門，大阪朋友很高興地說：「你看！日本人經營的店，果然就是保持得特別乾淨！」

老實說，我覺得很普通啊！曼谷的小吃店跟餐廳一般都很乾淨的。

一拿到菜單，又高興地說：「你看！果然有日本人必點的プルコギ（韓式炒牛肉）。」

我當場翻了白眼，全世界沒有這道「불고기」的韓國餐館，根本就可以關門不用做生意了。

朋友開心地看半天以後，卻點了老闆娘強力推薦，在日本根本沒吃過的「トガニタン」（도가니탕，牛膝蓋骨熬煮的白湯）套餐。吃完之後，一直盛讚老闆娘態度親切，果然是日本人的服務態度比較好等等。

可是聽老闆娘的口音跟有點奇怪的日語，應該是韓國人吧？我只能說，愛是盲目的，料理明明很普通啊！完全只是因爲老闆娘頗有幾分姿色。

不知怎的，去了曼谷的「韓國亭」，讓我想到掀起洛杉磯快餐車風潮的韓裔美籍廚師Roy

Choi。

Roy兩歲的時候，就跟著北韓媽媽跟南韓爸爸移民美國加州，家裡就是開韓國館子。身爲移民之子，他在美國成長的過程充滿文化衝突，年輕時也因此荒唐了一陣，染上毒癮，後來改變他人生的，就是料理。被餐館炒魷魚後，二〇〇八年開始創立「Kogi」快餐車，前所未見地在墨西哥傳統的卷餅（taco）裡面包韓式烤肉，加上如假包換硬底的黑人嘻哈風格，年輕人習染的twitter（推特）做網路即時行銷，結果一炮而紅。無論Kogi快餐車開到哪裡，都立刻被粉絲包圍大排長龍，平均每天可以賣出一萬個這種奇妙的韓式烤肉墨西哥卷餅。

「我的捲餅就是洛杉磯的縮影，在街邊毫不做作的移民文化大混合！」Roy在紀錄片的訪問中曾經這麼說。

實際上，講述當廚師的單親爸爸，如何在被餐廳解僱後開著快餐車，追尋終極美味古巴三明治的電影《五星主廚快餐車》（Chef），就是導演根據Roy的人生故事改寫的，而Roy當然也就是這部電影義不容辭的專業技術指導。

Roy的電影食譜，這道古巴三明治材料中靈魂所在的醃烤豬肩肉（Mojo-Marinated Pork Shoulder）是這樣的——

一杯香菜、四分之三杯橄欖油、四分之三杯新鮮柳橙汁、半杯萊姆汁、四分之一杯薄荷

日本大阪鶴橋市場的小韓國。

全世界都是我的餐桌

斯德哥爾摩街頭的泰國料理快餐車，是我夏天造訪時，每次游完泳以後一定要坐在北歐的陽光下吃的早餐，像是一種儀式。

葉、兩茶匙磨碎的豆蔻、一茶匙柑橘薄皮、鹽和黑胡椒各一茶匙、新鮮的奧勒岡（Oregano）一茶匙（或是半茶匙乾燥的），八個蒜頭，這些配料全部用果汁機絞碎以後，用來醃漬兩公斤的豬肩肉。放入冰箱醃漬一整晚，隔天取出，醃好的豬肩肉回到室溫後放進預熱攝氏一百七十度的烤箱，蓋著錫箔紙低溫烤兩個半小時，烤盤上放一些洋蔥片避免豬肩肉直接接觸烤盤燒焦。時間到了以後拿開錫箔紙，繼續烤半小時，拿出來放涼二十分鐘以後，淋上醬汁。

醬汁的做法是把之前醃過肉的醬加上用兩茶匙萊姆汁、四分之一杯柳橙汁，還有少許鹽、黑胡椒製作成的魔法醬（Roy口中的「Mojo Sauce」），加上兩湯匙烤盤裡面流出的油，在小鍋裡煮沸，再加一些鹽跟黑胡椒，喜歡的話可以多加點萊姆汁跟糖，煮沸以後轉小火燜一分鐘，關火。

切片以後的豬肩肉，跟火腿一起放在預熱的三明治機，熱度轉到中等，烤到兩面有漂亮焦黃色，約一分鐘後拿出備用。

將法國麵包從中間剖開後，塗上大量奶油（奶油再多也不嫌多），放入三明治機約一、兩分鐘烤至微焦，將麵包其中一面抹些黃芥末後，夾進剛才烤好的豬肩肉與火腿，另外加起士跟醃黃瓜。

接著在夾好以後的三明治表面也塗上大量奶油，放回三明治機大概烤三分鐘，烤到起士微融，三明治外觀焦焦酥酥的金黃色澤。拿出來靜置一分鐘後，對半切開，就終於大功告成了。

任何看了這部電影的人，都不會覺得這個韓裔美國人的古巴三明治不道地吧？即使是古巴人，看了也會流口水吧？至於Roy不是古巴人，豬肩肉道不道地，已經不重要了，因爲無論是誰，都會說：「好吃，才是最重要的啊！」

這十多年來，快餐車確實在美國、加拿大的大城市，形成了一個特殊的次文化，比如我在波士頓市區工作時，中午只要走到South Station（南站）火車站旁的金融區大西洋大道（Atlantic Ave.）公園廣場，一定有好吃的。上午十一點就會陸續聚集十多輛餐車，每一輛都各有特色、代表一種不同的文化，從美國南方的烤豬肋排到加勒比海烤雞，標榜清眞的伊朗三明治到新疆烤肉，一應俱全，每天中午要來場什麼樣的味覺冒險，就成了上班族最大的樂趣來源。

我去首府華盛頓特區出差時，中午也會去十九街跟L街一帶快餐車聚集的地方覓食，甚至有粉絲做了一個華盛頓ＤＣ地區的快餐車入口網站（http://foodtruckfiesta.com/dc-food-truck-list/），即時衛星定位讓飢餓的粉絲們可以掌握每一輛快餐車的行蹤，所有快餐車發的推特，也都同步即時在主頁上更新，一目了然。華盛頓ＤＣ這個城市，有著來自全世界的人，在各大

俄羅斯聖彼得堡的日本料理店「高雄」，在吃遍了正宗日本料理的我們眼中，有種說不出的違和感，但是對於俄羅斯人來說，卻可能比在日本吃到的日本料理更加美味。

「堅果稻荷壽司」，到底是什麼鬼？（笑）

哥本哈根的幾家泰國超市，窗戶上也有我們熟悉的國旗。

俄羅斯超市的亞洲醬料名牌「竹竿」，恐怕沒有一種是亞洲人認得出來的。

使館、世界銀行等機構工作，所以快餐車的多樣性，比波士頓有過之而無不及。如果說美國是一個文化熔爐，看快餐車聚集的地方，以及各國料理衝撞激盪的火花，是最有力的證據。

在日本，時常用「arrange」這個意味「經過重新安排、調整」的外來語，來稱呼這個各國料理到了日本以後，爲了能夠被日本客人接受，幾乎不可或缺的細緻過程。翻成白話來說，就是個人偏見，還要加上文化誤解，才會變成「道地的好吃料理」，所謂的道地，到頭來就是不道地。

但這也讓我不得不開始思考，會不會正是因爲不道地、加入了自己的元素，才特別好吃？

美國的中式快餐，久而久之也發展出一種特有的味道，跟在亞洲吃到的口味完全不同。不少平常喜歡上中餐館的美國觀光客，到了中國後吃遍山珍海味，卻覺得失落，因爲無論多高貴的食材，總不如美國便宜的快餐店好吃。

台北永康街的「太興燒臘」香港老闆，說他剛來台灣時，吃遍了台灣的小吃後，才決定開店做比一般口味更甜一些的港式燒臘，結果受到台灣人歡迎，每天下午四點半開門之前，就有人在門口排隊等候。然而香港人搞不好覺得這家燒臘不大好吃，哪裡怪怪的又說不上來。

集體偏見，讓不道地的美味，成了美味的必須元素。

老實說，曼谷「韓國亭」最好吃的，其實不是烤肉，也不是牛膝蓋骨熬的湯，而是小菜當中，有一道「飯饌」的免費小菜，是用泰國盛產的青木瓜刨絲做成的獨門創意泡菜。這道無論在韓國、日本或泰國，其實都不存在的美食，卻因爲有泰國的材料、韓國的香辛調味，還有日本手下留情的淺漬手法，變成一道出乎意料的美味料理。我們不斷加點到老闆娘最後還裝了一袋讓我們打包帶回家去慢慢吃的地步。

道地有時是一把掛著傳統之名的枷鎖，有些東西，太道地說不定反而就不好吃了。

Part 04

美食魂

是對食物勇於嘗試的人。

27 不存在的美食

世界上所有不存在的料理之間，彼此卻可能會找出親戚關係。

在日本吃中華料理，「天津飯」（てんしんはん）屬於無人不知、無人不曉的基本款，就像麻婆豆腐一樣每去必點。勾芡的蟹肉、蟹黃、蝦仁，還有很多豆芽菜，鋪在蛋包飯上面，就算不是餐廳，超市的熟食部也都有賣。聽起來很陌生嗎？別說天津人，問任何一個華人，恐怕誰都沒聽說過，「天津丼」就更不用說了。

天津飯的由來，根據維基百科日文版，可能是因爲昭和時代物資缺乏，日本生產的米不夠吃，所以使用天津進口米的緣故，因此出現了這道「只有日本人才知道的中華料理」。

這樣想來，其實在日本名聲響亮的「天津甘栗」，在天津也根本不存在。

中國產栗子的地方雖然很多，但天津絕對沒種栗子！

有一次在日本大阪吃了朋友推薦「道地」的「天津飯」之後，我開始想著這些「不存在的美食」。

比如說我到巴西只要看到必點的佳餚「Picanha」（皮坎哈）牛肉。

皮坎哈是牛臀和腰之間的一小塊上面厚厚一層脂肪的肉。一頭三、五百公斤的牛身上，只有兩小塊大約每塊一、兩公斤重的皮坎哈。

因爲牛一輩子從來不會運動到這塊小小的部位，所以特別細嫩，價格也高得驚人。到當地餐廳烤肉的時候，店家會端出一個特別的小火爐，小心翼翼有如對待珠寶般端出一條預先切好片的皮坎哈，什麼調味都沒有只抹粗鹽，顧客就開始自助式烤肉。稍微烤一下三、五分熟就趕緊吃，烤一塊吃一塊，鄰桌的巴西客人也都會不斷投以羨慕的眼光，彷彿我中了彩券頭獎。

但這塊皮坎哈，在全世界其他生產牛肉的主要國家，無論是澳洲還是阿根廷，並不覺得這塊小小的肉有什麼特別，因此沒有特別切出來的習慣，只是被分散在腰肉（loin）、臀肉

（rump）跟後腿肉（round）三個部位切掉了。對於不是巴西人來說，皮坎哈根本是不存在的牛肉。

皮坎哈是因爲被忽視，所以不存在，然而在日本並不存在的壽司，身世就複雜得多。中文裡說的壽司，其實是從日語「鮓」（sushi）音譯而來。在台灣傳統菜市場看到的壽司，不見得會有魚，卻可以大搖大擺地包豬肉鬆，對日本人來說，這種東西是純台灣料理，跟日本的「鮓」一點關係也沒有，就像天津人會覺得天津丼當然是日本料理一樣。

美國人眼中的「壽司」，根本是半個世紀前加州發明的，長得很像台灣的花壽司，但外面沒有包海苔，卻放酪梨片或是烤鰻魚，再擠上美乃滋醬。所以現在全美國只要一說「加州卷」（California Roll），也是無人不知、無人不曉，就算便利商店也都有賣冷藏的。這種加州壽司還繼續進化，在美國所有的日本料理菜單上，「卷」甚至變成了一整個大類，有各式各樣的口味，就算專門爲吃素的人做成上面混放納豆、枝豆，再撒海苔的版本，也不奇怪。許多美國人甚至可以非常清楚告訴你「Dragon Roll」（龍卷）跟加州卷的不同，唯一沒聽說過，也不知道龍卷、加州卷是什麼鬼的，大概只有日本人吧？（笑）

彷彿是幫壽司復仇，日本老式喫茶店裡的輕食菜單上常會出現的「拿坡里義大利麵」（ナポリタン），來自義大利拿坡里（Naples）的人也絕對不會覺得這是義大利菜。實際上，這道菜本來就是戰後小麥從美國大量開放進口，開始成爲日本的麵食習慣後，當時在橫濱的飯店料理長入江茂忠創作出來純粹的日本料理。

除了日式義大利麵之外，我在泰國，每週至少會吃一次泰式義大利麵。

泰式義大利麵用水煮快熟未熟的時候，拿進大炒鍋裡，使用大量未成熟的新鮮綠胡椒串，還有九層塔、紅辣椒、魚露、大蒜，跟各種美味海鮮爆炒的「Spaghetti Phat Khi Mao（ผัดขี้เมา）Talay」，直譯出來是很粗鄙的「醉得像屎的炒海鮮義大利麵」，完全意味不明，但超好吃的，義大利人絕對不會誤認爲這是家鄉菜。

韓裔廚師Roy Choi的泡菜炒牛肉墨西哥卷，墨西哥當然也不會有。

摩斯的米漢堡，美國人作夢也想不到。

倫敦的台灣刈包人氣名店「BAO」，可以公然選夾孜然羊肉或鹽酥雞，顯然考慮到國際化城市如倫敦，有不吃豬肉的伊斯蘭教徒，但在刈包的故鄉台灣，肯定沒人會賣這種口味。

每家英國印度餐館、超市熟食部一定有的「Tikka Masala咖哩」，住在印度的印度人肯定沒聽過，因爲這是純英國式的咖哩。

海外的中國餐館，一定要有的「炒雜碎」（Chop Suey）跟淋滿勾芡的「芙蓉蛋」（Foo Young），沒吃過的話，算你好運，因爲實在難吃極了。

但最經典的，莫過於原本不過聖誕節，十二月二十五日也不放假的日本，毫無慶祝聖誕傳統的日本，卻因為一九七四年肯德基廣告乘虛而入，開始了「クリスマスにはケンタッキ」——（聖誕節就是要吃肯德基啊！不然咧？）以至於到現在，只要到了聖誕節，日本家庭就會像被集體催眠了一樣，全部湧向肯德基吃炸雞。

再往前一步說，一九七〇年肯德基開始到日本展店的時候，生意根本不好，主要都賣給住在東京的外國人。結果開店初期每逢聖誕節前，住在東京青山的很多外國人，因為在日本買不到火雞，就自暴自棄去肯德基吃炸雞作為替代品，這給了肯德基這個史上最成功的廣告的想法緣起：在不存在的節日裡，創造了一個根本不存在的傳統。

我在哈佛念研究所時，有一位來自舊金山的同班同學，他的曾祖父David Jung就是一九一八年在加州洛杉磯發明如今餐後一定要有的籤語餅的那個人。他告訴我，他的曾祖父並不是開餐館的，而是傳福音的基督教傳道人，為了減少大家的抗拒感，於是把聖經裡的箴言包在餅乾裡面，在街邊發送給路人，所以其實根本是「箴言餅」，而不是我們現在以為的幸運餅乾（Fortune Cookie）。

傳統英國人愛喝的茶葉「Lapsang Souchong」，充滿濃濃的正露丸味道，任何台灣人聞到都會退避三舍，但一看包裝，可能會發現竟然是台灣製造出口的，但是台灣卻買不到。

搞半天這種用松木燻製成的茶，名稱來自於老外發音廣東話不標準的「立山小種」四字。

立山小種（或稱「正山小種」）是福建武夷山的紅茶品系，但這種用煙燻做法的茶葉，無論從台灣到福建，沒什麼人愛，因爲賣不出去，所以也幾乎買不到，茶行做完以後，就一包不留，趕緊捏著鼻子送上貨櫃船運到英國去了吧？（笑）

有趣的是，這些冒牌的傳統食物，卻逐漸地回流到正牌的故鄉，所以如今在東京可以找到標榜專門吃「加州壽司」的店，客人大多數是在北美旅行或是居住過的日本人，去那裡吃懷念的美式日本料理。韓裔廚師Roy Choi指導電影《五星主廚快餐車》裡製作美味的古巴三明治，在古巴也沒有，根本是在美國佛羅里達發明的，但爲了滿足到古巴旅行的觀光客，要在哈瓦那尋找「道地的古巴三明治」的心，於是當地餐館也只好去學了這道美國菜。義大利的餐館，不得不在外國觀光客的要求下，心不甘情不願地開始供應根本是二次世界大戰以後才在美國密西根州發明的大蒜麵包。我一個在台灣大學教書的好朋友，是曾經留學英國多年的台灣人，有一天卻突然懷念想喝「Lapsang Souchong」，託我幫他買點回來。

更加諷刺的是，莫過於在一九九〇年代，在美國發明「左宗棠雞」而名震一時、來自台灣的湖南菜廚師彭長貴，決定在湖南開一家餐廳，賣左宗棠雞，結果湖南人覺得這種炸雞上面

每年一次，我總會到巴西里約的伊帕尼瑪海邊這家老餐館，坐在「伊帕尼瑪的女孩」這首名曲寫成的同一張餐桌，享用著珍貴的牛臀肉（Picanha）。

澆糖醋醬的料理「太甜」，餐廳因為生意不好而關門大吉。

行文至此，我忽然意識到，歐美中國餐館的「芙蓉蛋」，如果澆在飯上，根本就是日本中華料理店的「天津飯」啊！

而日本長崎的鄉土料理「強棒（ちゃんぽん）麵」，裡面有各種雜菜跟肉類，在日文中找不到任何相應的字，根據研究最有可能的起源，應該是印尼語的「campur」（混雜）或是福建話的「呷飯」。

世界上所有不存在的料理之間，彼此卻可能會找出親戚關係。

地球是圓的，在食物的進化史裡得到了證據。

28

觀賞什麼？觀賞完就涼了啊！

這家炸魚餅生意特別好，據說用特別新鮮的ปลากราย（發音是pla grai）自己打成的魚漿。

說到不存在的美食，想到在我曼谷的住家附近，有一條窄巷，中午變成上班族女性聚集購物的小市集，當地居民戲稱為「祕書巷」。雖然這樣稱呼完全不符合政治正確，但市集裡賣的東西，確實完全滿足持家婦女所有的購物需要，比如胸罩、調味醬跟紙膠帶、鋼珠筆會放在一起賣，卻絕對找不到賣螺絲起子、手電筒或是男性衣物的攤販。

平時不怎麼能忍耐擁擠的我，卻因爲祕書巷裡的美食跟奇妙的雜貨，偶爾也吸引我中午加入萬頭攢動的巷內。

巷子中段突然行進速度變得很緩慢，原來是許多各種年齡層的女性都在排隊等著買炸魚餅。

說到泰國傳統的炸魚餅，我就忍不住要抱怨一下幾乎所有台灣人在泰國餐館都必點的「月亮蝦餅」，有如美國中餐館的「左宗棠雞」般存在著。在美國只要沒有左宗棠雞的中餐館，根本就不用在美國開店了，所有美國人也都知道「General Tsao's Chicken」吃起來是什麼味道——只有華人不知道。泰國人也同樣不知道月亮蝦餅這道菜是什麼意思。

兜了個大圈子，我要強調的是，「炸魚餅」才是泰國路邊攤小吃的王道。

雖然有些餐廳也有炸蝦餅，但總歸是豬肉，香菇、泥鰍、鱸魚、鱒魚這種非主流的炸肉餅，絕對不會在街頭出現，至於「月亮蝦餅」，就是妾身不明的「左宗棠雞」了。

我跟著在隊伍裡耐心等候著，幾個婆婆媽媽圍著跟井一樣大一樣深的油鍋，不斷地將手掌虎口中擠出來的魚漿，熟練地下進滾燙的油鍋裡，每隔一、兩分鐘，其中一個女人就拿個大網子，將被熱油炸得白白胖胖的魚餅，撈上大盤子裡濾油放涼。然後另一個女人就開始用光速將一顆顆魚餅放進墊著白報紙的塑膠袋中，只有兩種規格，不是四十泰銖，就是五十泰銖，至於這兩種的區別，絕對不是男人的肉眼能夠分辨的。

「四包五十的帶走。」

「我要六包五十的外帶！」

排在我前面的女性們，都陸續豪氣地點了大量的炸魚餅，以至於我必須鼓起好大勇氣，才能說出「一份四十泰銖內用」這樣寒酸的話。

這家炸魚餅生意特別好，據說用特別新鮮的ปลากราย（發音是pla grai）自己打成的魚漿，但境外的泰國餐館，基本上都是看能買到什麼魚漿就用什麼，所以口感確實很不同。

「超好吃！這到底是什麼魚肉？」台灣朋友趁熱吃了一顆，正好一口大小，沾著浸泡著小黃瓜切片的酸甜醬，大爲驚豔。

我查了一下「pla grai」的翻譯，原來中文名稱叫做「七星飛刀」。

「什麼！」朋友聽了大驚。「這在台灣是水族館裡才有的觀賞魚，你們怎麼會拿來當路邊攤的零食吃呢？」

半信半疑，我上奇摩知識家搜尋，結果台灣水族同好對「七星飛刀」的形容竟然是：「外表美麗，游姿獨特，是常見的魚種，無食用價值，也是最受歡迎的飛刀，喜歡在角落中。」

怎麼會沒食用價值，明明很好吃啊！我在心裡嘟囔。老實說，祕書巷裡除了七星飛刀，還有狗，有青蛙，有白兔。中午人擠人走一趟下來，對於這些東西究竟是攤販自己養的寵物、觀賞用的小道具，還是食物，界線變得非常模糊，所以也無法作出理智的判斷。

我只好忠實地將台灣朋友的評語，告訴正滿頭大汗在炸魚餅的廚娘。

不知道是我的泰語太差還是怎樣，老闆娘聽完很生氣地說：「觀賞？這要怎麼觀賞？觀賞什麼？等你觀賞完就涼了！快趁熱吃啊！」

我忍住笑，幽幽地回老闆娘說：「我怕它涼掉，所以都沒有先觀賞，就直接吃掉了……」

不過偶爾回想起來，七星飛刀確實挺美味的啊。（抹嘴）

29

美味的條件

這已經不是「能不能吃」的問題，真正問題出在這是一件「超過想像疆界」的事，因此很難有感。

時常跟很多來自世界各地的人，在世界各地一起吃世界各地的食物之後，我慢慢發現一個道理。好不好吃，需要同時符合兩個條件，第一個條件是「知道這個東西能吃」，另一個條件則是「相信這個東西會好吃」，當兩個條件沒有同時成立時，就沒有美食。

我一個來自阿爾卑斯山的瑞士朋友，第一次跟我在東京的築地市場看到來自海裡充滿尖刺的海膽，對他而言，海膽這玩意兒就不符合「知道這個東西能吃」的條件。

海膽打開來以後，腥味撲鼻，除去內臟，剩下一條一條又黏又黃的東西。瑞士人經過我的說服跟示範後，看周邊並沒有人因爲吃海膽而倒地暴斃而亡，具有理性思考的瑞士人終於「接受這東西能吃」，但對於眼前這不知道是海膽什麼部位的黃色泥狀物，並沒有因此產生「好吃」的想像。

「這黃黃的東西一定是海膽的屎吧？」我的瑞士朋友立刻別過頭去。

「什麼大便！這分明是海膽的卵啊！」我氣急敗壞地糾正他大不敬的言論。

別忘了，對於一般瑞士人來說，吃海鮮水產是頂多最近二、三十年的事，即使只是吃冷凍鮭魚排這麼普通的東西，也絕對不是瑞士家庭的日常料理。蘇黎世開始流行的壽司吧，是文青才會去的地方，海膽因此也不符合「相信這個東西會好吃」的第二個條件。

嗯，就是這個意思。

每次只要看到肥大的明蝦，因爲是經驗裡存在的美食，立刻就產生美味的想像。

如果面對沒有親身經驗，甚至連在觀念裡都不存在的食物，像是在泰國街頭看到七星飛刀，在面前被打成魚漿炸成魚餅，很難一看到就從腦部傳出刺激，流口水地想吃。

我有一位因爲家庭的宗教因素，從出世就沒有吃過葷食的朋友，他看到明蝦完全不會有

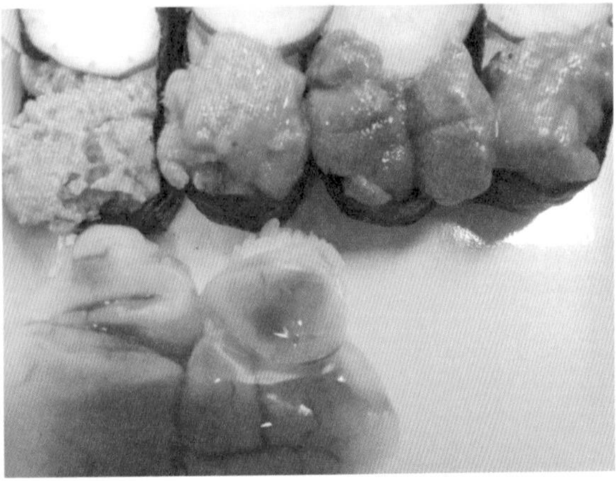

蘇美島漁港的新鮮海膽。

想吃的慾望，認爲就算眞的吃了，應該也不會覺得好吃。對他而言，這已經不是「能不能吃」的問題，眞正問題出在這是一件「超過想像疆界」的事，因此很難有感。

就像天文學家再怎麼熱血澎湃地跟我講銀河系以外的星系，因爲我懂得太少，所以對於宇宙的巨大無法產生明確的感動，但是一口咬下鮮脆的大明蝦，我的感動卻是從味蕾傳遞全身觸動每一個細胞的。

很多無法跨越文化界線的美食，主要有兩種障礙，一種是：「這樣會好吃嗎？」另一種是：「這種東西眞的能吃嗎？」

「這樣會好吃嗎？」是理性上知道能吃，吃了不會有事，但是想不出來爲什麼會好吃的東西。知道可以吃，吃了也不會有事，只是可以不用吃的話，比如說沒有飢荒，也沒有玩打賭遊戲時，就不會特別去吃。

到美國的中餐廳，打開中英文菜單，懂中文的人看到「雜碎」，不確定能不能吃，就算能吃也不會覺得好吃。因爲罵人「狗雜碎」是極其激烈的侮辱，不會因爲突然改成「牛雜碎」或「雞雜碎」就突然覺得好吃起來。

然而，對於不懂中文的人來說，「Chop Suey」是完全沒有意義的兩個音節，只覺得價格比其他料理都便宜，瞬間有「CP值很高」的好感也說不定。而且菜端上來的時候，看到裡面充滿剁得碎碎的雜菜、雜肉，就有恍然大悟的感覺，畢竟在英文裡面，「chop」本來就是剁碎的意思，沒有任何貶義。

有回我從桃園機場搭巴士到台北的路上，同車有幾個上海年輕人，看來是第一次到台灣自助旅行的上班族好友。下了高速公路進入市區不久，他們掩不住驚訝地指著窗外的招牌說：「我的媽啊！四川人看了不生氣嗎？」

我順著他們的手指看過去，是一家在台灣生意似乎不錯的火鍋店，店名叫做「川巴子」。

「巴子」在上海話裡絕對不是好話，是說人鄉巴佬、土裡土氣的意思，所以很多台灣人被當地人笑稱「台巴子」，是一個貶義詞，帶有鄙視、歧視的色彩。大陸人除非不想做生意了，否則絕對不敢把罵四川人是土包子的話，大剌剌當成招牌掛。

在這幾個初次來台灣的上海人眼中，知道這家餐廳賣的東西應該是能吃的，但是一定不會想要去吃，也不覺得這家餐廳的麻辣鍋會好吃。

角色對換一下，如果你在成都，看到一家台菜餐廳叫做「台巴子」，會覺得肯定好吃，迫不及待想要進去嚐嚐嗎？

二〇〇〇年前後，我長駐在北京工作，那時候我特別喜歡老北京的胡同，所以住在建國門外大街的一個公寓，後面就緊鄰著一大片即將消失的老胡同，每每下班沒事就往胡同裡鑽，一直到金魚胡同爲止。

當時我知道這樣的傳統生活很快就會消失了。

胡同裡有一家我常去的小理髮店，兩、三坪的店面只有兩個座位，理髮的姑娘是從鄉下來的，第一次到大城市，薪水少得可憐，一個月就兩、三百塊人民幣，所以我常去光顧，就算不理髮也做個肩頸按摩之類的。所謂包吃住，就是店門拉下以後，在簡陋的小店裡打開行軍床睡，吃呢就吃老闆吃剩的，至於老闆吃的，就是這姑娘照三餐煮的。

有一天我經過的時候，店裡沒客人，鄉下姑娘嚶嚶地在哭呢，我過去問她怎麼了。她哽咽地說又被老闆臭罵了一頓，嫌她笨，煮的飯菜太難吃，所以筷子往地上一摔，吃都沒吃，破口大罵一番後就走了。

「妳煮菜眞的那麼難吃嗎？」我問姑娘。

「我哪裡知道？」哭泣的鄉下姑娘說出我當時從來沒想過的話。「老闆吃遍山珍海味，當然知道什麼好吃、什麼不好吃。但是從小到大，我家那麼窮，這輩子從來沒上過飯館，哪知道什麼叫做『好吃』？」

一輩子沒進過館子的鄉下姑娘知道「什麼東西能吃」，但是卻完全不知道「什麼東西好吃」，所以同樣的材料，就算逼死她，也做不出老闆心目中好吃的東西。

原來美味的條件，跟生活條件、背景、習慣、還有文化的關係比想像中更大啊！

30

這東西真的能吃嗎？

緬甸人雖然什麼都吃，卻又很注意吃什麼不能配什麼，所以菜市場都會有賣掛圖的，讓家庭主婦掛在廚房，知道如何避免中毒。

我在緬甸工作的時候，時常看到當地貧困的農人，吃一些我從來不覺得可以吃的植物或是動物。

一開始我上菜市場，甚至會指著一盤杯口大的豆子說：「啊！這不是有毒嗎？」

當地人只是悠悠地笑著說：「沒關係，不要吃太多就好了。」

我說的這種大型豆子，緬文的名字是「da nyin thee」，爲了外國人理解方便，我通常用英文俗名「dogfruit」翻譯成「狗子果」，當地老一輩的知識分子則延續過去英國殖民時期的名字「jengkol beans」。這種深棕色硬殼包住的圓形大顆豆子，像石頭一樣硬，剝開來氣味濃烈難聞，而且有毒，但因爲價格便宜，沾沙拉油跟鹽巴，吃一、兩顆就會很有飽足感（其實是因爲腹脹），所以成爲當地窮人日常餐桌上的食物。買的時候要特地選顏色深的、很熟的，甚至有點老的。正因爲大家都知道有毒，所以用水煮的時候，不但要煮很久，而且還要多換幾次水把毒性去掉。

我們的有機農場，後來也在當地農夫的堅持下，種了幾英畝這種有毒的狗子果。如果不是從小就吃慣的人，無論如何也不會覺得這種東西好吃，而我則繼續相信這種有毒的東西不能吃，吃多了就會肚子痛，甚至會尿道阻塞，吐血。

是的，每一個緬甸人都知道這東西有毒。

「不要問緬甸人什麼能不能吃，因爲緬甸人不管什麼，就算有毒的東西也都覺得能吃，所以緬甸人能吃，不代表沒有毒。要直接問這東西『有沒有毒』，然後自己判斷要不要吃。」

後來我總是這麼提醒比我晚來的外國工作者。

除了緬甸之外，根據維基百科，全世界基本上只有鄰國的泰國、印尼、馬來西亞，也吃狗子果，對世界上其他國家的人來說，這東西都是「有毒所以不能吃」的。

就算沒有毒的東西，也不是樣樣都應該當成食物。

緬甸人雖然什麼都吃，卻又很注意吃什麼不能配什麼，所以菜市場都會有賣掛圖的，讓家庭主婦掛在廚房，知道如何避免中毒。比如吃鸚鵡肉就不能配瓠瓜……請等一下，爲什麼要吃鸚鵡？鸚鵡能吃嗎？

是的，緬甸人可以。根據掛圖，犀牛也可以吃，只是不要跟魚一起吃就沒事。

印度的阿育吠陀相信濕的葉菜類不可以多吃，而且晚上不可以吃冰淇淋。如果屬實，那麼整個西方世界的人都差不多快翹辮子了。當然也有可能只有印度人的體質不能吃。

就像只有華人坐月子不能洗頭、不能吹到風的意思是一樣的。相信的人，犯了忌諱就一定會生病，但是不相信的人，都不會有事。

中國人還相信，吃麻雀不能配梅子，不能同時吃蝸牛又吃冰。但是拜託一下，我光是想像這些東西混在嘴裡的滋味，就快要「破病」了，誰會去把這些不能吃的東西，還特意放在一塊兒吃呢？

在中國的一些鄉下，時常可以看到農家在自己家前面曬臘肉，感覺挺溫馨的，但是如果曬的是一整張完整剝皮的豬臉，感覺就有些不舒服。

可以吃嗎？應該是可以吧！「臘豬臉」可是湘西名菜，湖南是中國美食散文作家巴陵的故鄉。所有我知道的動物食用部位，聽人吃羊「頭」還沒什麼感覺，但是吃豬「臉」突然就有人性化的感覺。巴陵有一篇生動的文章讓我印象深刻，他講的不只是吃豬臉，而是怎麼吃豬腦殼跟豬眼珠子，讓我立刻生出「這眞的能吃嗎？」的深深抗拒感。

……農村人喜歡講究吃啥補啥，眼珠子可以不切爛，直接給家裡視力不好的人吃。農村有喜歡吃豬眼珠子的，一個眼珠子塞到嘴裡，咬一口下去，眼珠子裡的湯汁一湧而出，全部進入口腔，滿滿一嘴，再慢慢地吞下去，再咬眼珠子肉。眼眶子肉是一大坨肉，布滿筋絡，很難咬爛，往往是咬幾口，沒有耐心，就囫圇吞下。如果喉嚨小，常常噎在喉嚨裡，卡得咕咚咕咚叫，唠噠一聲下去了，好不容易吞下去後，還覺得喉嚨脹得痛。

我喜歡吃豬眼珠子，特別是豬眼珠子邊上的這坨肉，都是筋絡，咬起來韌勁十足，又咬不爛，是最好鍛鍊嚼的機會。我嘴巴裡包一口滿滿的食物，想吞下去，卻吞不下，這種感覺比吃不上更難受。在古小說和現在的電影裡經常看到描述噎死的人，也許就要經歷這樣的一個噎

傳統緬甸克欽邦少數民族地區的料理。

食的過程。我吃過幾次豬眼珠子之後，終於吃出了一種方法。等燉好的豬眼珠子涼了後，用菜刀切成片或者縱橫兩刀切成四塊，這樣豬眼珠子裡的汁水早已凝固，切開不會外流，進入嘴裡，慢慢地嚼，它又會融化，留在口腔裡……（摘自《最好的食光》）

相較起來，我寧可吃一、兩顆有毒的狗子果，也沒辦法吃一、兩顆會爆漿卻又嚼不爛的豬眼珠子。什麼東西可以吃，什麼東西不能吃，實在是門很大的學問啊！

31 有靈魂的食物

「種子的力量」是一種美好而原始的想像，嬌弱的嫩芽可以穿破堅硬的外殼而出，向上穿過土層迎向太陽，向下扎根抓緊整個世界。

瓜子在我的童年記憶中，占了一個有趣的位置。

當我年紀很小的時候，頂多六、七歲吧！過年期間，我和姊姊趁著放假的時候，一起嗑瓜子。姊姊提議，不要嗑一個、吃一個，要通通把嗑好的瓜子，裝在明治製菓硬糖果（ドロップス，就是英文「drops」的直譯。）的空鋁盒子裡面，打算裝滿了以後，晚上一起好好「享受」。

結果就在我們兩個小孩子，因爲連續幾小時嗑超鹹的醬油瓜子，嘴唇皺得像老公公、老婆婆，還繼續忍耐著嗑瓜子時，當時還年輕的父親五點鐘下班回來，看到桌上空糖果盒裡面剝好滿滿的瓜子仁，想也不想就拿起來往嘴裡倒，一口就吃完了我們一整個白天的心血，姊姊和我面面相覷，驚呆了幾秒鐘以後，嚎啕大哭起來。

這件事情，現在想起來特別好笑，但是確實從那一年開始，我就再也不吃瓜子了。

瓜子到底好吃在哪裡，後來在我心中就成爲一個謎。尤其離開亞洲多年後，突然看到許多人發出巨大的聲響聚在一起嗑瓜子的時候，有種奇妙的感覺。

對於西方人來說，西瓜的種子，當然是垃圾，結果有人不但不扔掉，還浪費醬油跟爐火，特地把垃圾煮得黑黑鹹鹹的，然後費盡辛苦才能弄出裡面一點小小的瓜子仁。吃了也不會飽，應該也沒什麼營養價値，眞的有必要去吃這種東西嗎？

老實說，這輩子我從來沒想過瓜子是怎麼做的。在網路上稍微查詢一下，才知道原來要先將西瓜子放入百分之一點五比例的石灰水中先浸泡五個小時，用手搓揉，把種子上面的膜洗掉（這點有些像在自然農法的農場，爲了育種、採集種子需要做的手續。）洗乾淨以後，用十比一的比例，將瓜子和醬油、食鹽（十斤的瓜子竟然需要一．八斤的鹽巴，未免也太驚人，難怪我小時候嗑瓜子嗑到嘴破！）、茴香、桂皮一起投入鍋內，加水浸過瓜子，用大火燒煮約一個半小時到兩個小時，然後改爲小火，讓鹽滷慢慢收乾，水快乾時不斷翻炒，直到瓜子快要乾即可；或是直接用烤箱以攝氏八十度左右的低溫烘乾，但總之兩種方法都不能過乾。熄火以後慢慢淋上兩百克的麻油，攪拌均勻，上面放一塊濕布，放涼冷卻以後就可以吃了。

從小沒有嗑瓜子習慣的老外，基本上學不會怎麼嗑，就算勉強學會了，也不會喜歡吃這種莫名其妙的東西。

「世界上可以吃的東西那麼多，怎麼會想到去吃西瓜子呢？世界上第一個想到去吃瓜子的人，要不是變態，就是窮極無聊吧！」我有個歐洲朋友，把整顆瓜子放在嘴裡嚼爛了以後，充滿挫折感地抱怨著。

那可不是嗎？我喜歡的衣索比亞料理，主食是一種叫做「苔麩」（teff）的草籽，看過苔麩的人都知道，這種禾本科畫眉草類的軟草植物，根本就像路邊雜草般的存在，小草籽一粒一粒比芝麻還小，最初誰想到把這些草籽磨成粉，加水揉成麵團，放在蘆葦編的大簍子裡攤開，蓋上濕布放兩、三天發酵後拿出來蒸成餅的？這一大張又軟又酸，充滿毛細孔的大餅，叫做「英傑拉」（injera），拿來當主食，也當桌布，各種配菜一瓢一瓢舀盛在這種蒸草籽做成的薄餅上，撕一小塊，沾一點配菜，直到全部吃光抹淨爲止。

我也曾經發出同樣的感嘆：「世界上可以吃的東西那麼多，三千年前的衣索比亞人，怎麼會想到費那麼大的勁，去吃這麼一點點東西呢？」

「貧困」應該不是這個問題的簡單答案，因爲無論是做甘草醬油瓜子還是英傑拉草籽餅，耗能應該比食物產生的熱量還要多，絕對不是因爲窮到沒東西吃了，只好去吃西瓜子跟雜草籽。

有毒的「狗子果」也是樹籽，緬甸人吃起來津津有味，眞心覺得好吃，要不是因爲有毒不能多吃，到夜市看到小販放在臉盆裡賣，還眞想再多吃一個。

不是窮到沒東西吃了，只好去吃有毒的狗子果。但對於從小沒吃過狗子果的人來說，這種有毒又難吃的東西，一無是處，怎麼不趕快從世界上絕跡？

看到葉片、果實會有想吃的衝動很容易理解，因爲我旅行的時候，幾乎每天都要克制自己這麼做，但想吃沾滿泥巴的根（比如說我超愛的牛蒡）、或是撬開硬邦邦的果核去吃裡面的種子，就很難理解了。

然而植物的種子與根，似乎代表一種奇妙的力量，甚至對生命根本源頭的想像，某種神祕的、無法被清楚形容的巨大原始能量，被包容蘊藏在根和種子裡面，不信的話，去看看那些古今中外被特地泡在酒裡面的東西，要不是根、就是種子。

吃香蕉心、檳榔心的慾望，恐怕也很類似，吃的人覺得自己吸收了某種珍貴的自然力量，是作爲果實的香蕉跟檳榔所沒有的。

那些都是一旦被我們呑進肚子裡，就沒有辦法再生的生命，所以吃的是生命的根源，不是食物。那一顆一顆的，不是籽，而是靈魂。

「種子的力量」是一種美好而原始的想像，嬌弱的嫩芽可以穿破堅硬的外殼而出，向上穿過土層迎向太陽，向下扎根抓緊整個世界。想像一顆種子的力量，再加上一茶匙的僞科學（pseudoscience），就足以讓日本人相信青梅的種子有號稱日本人的ＤＮＡ特別容易轉化吸收的維他命B17（那到底是什麼東西？）；古文明帝國阿茲特克人（Aztecs）的主食唇形科鼠尾草的種子奇亞籽（chia seeds），也因爲號稱有豐富的Omega-3（那又是什麼？）而最近掀起大流行。

一旦有「我將大自然種子的力量吸收到身體裡了」的美好想像，至於好不好吃、值不值得那麼費事、有沒有神奇的功效，反而不重要了。

吃根還有細小種子的時候，我們得到的滿足已經再也不只是吃了會飽、足以果腹的「食物」，實際上，樹根和種子都很難讓人吃飽，而是大自然孕育出來的心、根本，和靈魂。

32

垃圾會好吃嗎？

走出門的那一刻，我忍不住快樂地吹起口哨，好歹我終於長大了！

有毒的東西不能吃，爭議性其實不大。號稱有神奇力量的種子，就算沒有神奇力量，吃了也不會有什麼害處。但不同的飲食文化習慣，卻會讓一個人的美食，在另外一個人眼中根本是垃圾。比如中國人過農曆年會想吃甘草醬油瓜子，讓衣索比亞人百思不得其解的程度，恐怕就像中國人無法理解衣索比亞人爲什麼沒事把英傑拉草籽當主食一樣。對雙方來說，對方都很可憐、在吃垃圾。

對嗜吃鴨的法國人，不但不會喜歡台灣夜市的美食東山鴨頭、鴨舌，還會迫不及待扔掉。美國人到「全聚德」吃烤鴨，會覺得大大一整隻鴨，根本沒什麼地方是可以吃的，因爲皮跟骨頭，都是要一出爐就丟掉的垃圾，還不如直接來一塊橙汁鴨胸肉來得實在。

日本居酒屋將生的大蝦做成壽司，蝦頭烤脆，還要細心保留裡面的蝦腦，保持濕軟的狀態，稱作「海老のミソ」（蝦味噌），連殼、帶鬚、眼珠和所有內臟一起嚼碎吞進肚裡去，這種台灣人聽了描述也當然覺得美味極了的東西，比日本人還鍾愛海產的義大利西西里人，也只會哼一聲折斷丟棄。

別說台灣人覺得湖南美食作家巴陵吃豬眼珠子太誇張，即使台北人看高雄人到堀江的「阿囉哈滷味」津津有味地特定指名買一包一包預先裝好在小透明塑膠袋裡的「口香糖」，其實是嚼不爛的滷豬牙齦，恐怕也會完全傻眼。

在泰國，剝下來的魚皮，不但不會扔掉，變成炸魚皮，身價可高了。

緬甸的小吃店，桌上都會擺著幾小包炸豬皮，當作配麵額外付費的小菜，不但不是渣滓，還是豪華的「加菜」。

但是西方人，舉凡有骨頭的，看得出動物形狀的，會辣的，出肥油的，有味精的，都是不能吃、應該丟掉的東西。

魚頭、魚腸、雞胗、鳳爪、牛鞭、雞頭等，這些在歐洲人眼中通通都是垃圾無誤。就算做成乾的狗飼料，也會被爆料說是無良的劣質品。

在美國，一群朋友週末約了一起去吃港式飲茶，總是幾家歡樂幾家愁。歡樂的是亞洲人，愁的是他們西方人的眷屬，通常會自己先偷偷吃飽了再出門。

「雞腳是踩在地上的，養雞場地上都是大便吧！吃這種東西竟然要付錢，有沒有搞錯？應該是要付錢給我才對吧？」

「雞腳沒有肉，只有皮跟骨頭，到底是要吃什麼？」西方人不解地問。

雞皮。對了，怎麼能不提雞皮！

西方人到了亞洲，看到一隻海南雞或是蔥油雞，會覺得「幸好」整張肥滋滋的雞皮輕輕一剝就可以整個扔掉，開始慢慢吃雞胸肉。

「沒有皮的海南雞，要怎麼吃？根本不會好吃！」亞洲人聽到雞皮被丟到垃圾桶「啪！」的聲音，會整個心一沉，悲從中來。

我一位台灣朋友，在臉書上ＰＯ文說：「今天在市場買到的豬腳『皮比肉多』！」還附了一張圖。

我替他覺得很難過，可是過了幾個小時，文章底下很多朋友的留言中，紛紛投出羨慕跟讚美，我才知道原來我朋友的意思是「今天的豬腳買得很好！」而不是「可惡！被騙了！」的意思。

在英國約克夏郡南方，有一家每年我至少會去兩次的炸魚薯條（Fish and Chips）老店，最近剛搬家，印象最深的是，當我年紀很輕看起來像學生的時候，老闆總會問我：「要不要一些scraps（渣渣）？」

渣渣是炸魚柳掉下來的炸麵皮，老闆通常會掃在一邊。顯然年輕人食量大，吃一份炸魚薯條不會飽，但是又買不起兩份，所以老闆就給一些免費的油渣，塡塡肚子。

這種時候，覺得英國北方人好親切，但是同時又覺得有點淡淡的哀傷。

「原來我看起來，是要吃渣的人啊！」

結果到了我已經出社會很多年後，有一天老闆突然停止問我要不要渣渣了。

那一天我買的是「Fish and Chips twice」，就是兩倍炸魚的意思。老闆一定是覺得，我已經到了有錢能一口氣買兩份炸魚吃的地步，不需要再吃渣了。

走出門的那一刻，我忍不住快樂地吹起口哨，好歹我終於長大了！

可是最近，我有次到日本東京出差，晚上到賣章魚燒的連鎖店「銀だこ」（Gindaco），我點魚骨跟蚌殼熬煮成的濃汁沾醬式章魚燒，上面卻加了很多青蔥跟天婦羅的渣。

嗯，沒錯，就是原本應該從油鍋撈起來丟掉的麵渣。強調便宜、新鮮的烏龍麵連鎖店的「丸龜製麵」，拿到麵之後去自助式吧檯加配料跟調味，是主要賣點之一，但是炸天婦羅的渣，也堂堂出現在配料之一。強調價格便宜的火車壽司裡的「太卷」中，不知何時開始天婦羅渣也變成包料的一部分。這種「創意」是日本景氣好的年代，無可想像的料理。這麼一想來，又覺得忍不住爲日本低迷的景氣有些哀傷。

年輕人餓了只能多吃點渣，似乎成了當今日本社會，對於掌握資源的老一輩不願意放手交棒給下一代的隱喻。希望有一天，天婦羅的渣，從日本的食桌上再度消失，回到垃圾桶，那時的日本年輕一代，應該也會像我走出英國約克夏郡炸魚薯條店的那天一樣，爲自己脫離吃渣的日子，吹起快樂的口哨。

全世界都是
我的餐桌

無論在是世界上任何國度，農夫市集總是帶給我豐饒及慶典的愉快感受，在農作物之間，我看見人對土地的愛。

33 來玩膝蓋骨吧！

每一個拿起來，都有著某一年在草原的蒙古包裡，跟全家人用傳統蒙古烤肉的方式，分食一隻獸的美好記憶。

我住在北京的時候，一個英國同事，爲了要賺外快，下班時間還兼英語家教。有段時間，他受僱於一個不知道爲什麼長住在凱賓斯基飯店的德國工程師，教他身懷六甲的蒙古妻子英語。她除了會說蒙古語之外，中、英文或任何外語都不會，德文更不用說，而且這輩子從沒上過學，是個文盲，即使蒙古文也不識幾個。

這兩人雖然是合法的夫婦，卻顯然連一個字都無法溝通，完全只能仰賴肢體語言，他們究竟是如何認識的？當時怎麼談戀愛？如今連孩子都快生出來了，我們這些好事的外人都嘖嘖稱奇，讚嘆世界上原來有「眞愛」這回事。

「我希望我的孩子能在德國生產，所以直到臨盆我們離開北京之前，請務必教我太太學會說一點英語。」這個工作忙碌的丈夫，只丟下這些句話跟一疊鈔票就走了。

雖然在辦公室裡我們都議論紛紛，不能理解爲什麼這位德國老公自己不教，而且要回德國，不是應該要學德文嗎？但因爲是別人的家務事，我們管不著，偏又超好奇，所以只好請這位英國同事每次上完課就跟我們定期回報八卦。

這位顯然在廣闊的草原上非常剽悍的蒙古孕婦，成天被關在北京狹窄的五星級飯店房間裡，又挺著大肚子，跟任何人都無法溝通，顯得情緒很焦躁，很沒耐性。英文老師不知道怎麼教，蒙古孕婦聽不懂老師說的話，又不能表達自己意思的時候，常常沒幾分鐘就開始生氣地用蒙古語大吼大叫。

終於，我的英國同事不知道從哪個舊書攤找來一本來自蒙古的幼兒英語教科書，而且都是單字跟圖片，開心地拿去上課，蒙古孕婦看了也大喜，停滯不前的英語課終於有了突破。

於是他們立刻打開第一課，學習從一數到十。

教科書一打開，換我英國同事崩潰了，因爲蒙古的數數竟然是——

「one ankle bone,（一個膝蓋骨，）

two ankle bones,（兩個膝蓋骨，）

three ankle bones…（三個膝蓋骨……）」

以此類推。

蒙古孕婦大喜，立刻從口袋裡掏出一包大大小小的骨頭攤在床上。

從來沒有看過這番景象的保守英國人大驚。

「這是什麼！」

「Shagai! Shagai!」蒙古孕婦立刻拿著不知道是人還是獸的各種骨頭，開始像個小孩子般玩了起來。

這一堂課，就在玩骨頭遊戲中草草結束。隔天早上，英國人來上班的時候，包包還沒放到座位上，就迫不及待地跟大家說昨晚的教學奇遇。

聽他的描述，遊戲規則是手背上放四個膝蓋骨，往空中一擲，在落地之前，最先在空中用手掌把四個都抓住的人贏。

「咦？這不就是丟沙包嗎？」除了英國人外，在場的中國人都露出會心的微笑。

草原民族蒙古人的孩子，因爲沒有童玩，所以啃完了動物的肉後，媽媽就會把獸類後腿膝蓋部位、腿骨和脛骨交接處那塊圓圓的膝蓋骨拔下來，用熱水燙，把動物膠清理乾淨後曬乾，就變成孩子們的玩具「Shagai」（沙嘎）。無論是熊、牛、馬、豬、鹿、羊、兔子、貓，從大到小，只要是有腿的動物，都有後腿膝蓋骨，孩子們就會把這些大大小小的膝蓋骨，放進一個小包包裡面，自己珍藏著，不時拿出來跟朋友的膝蓋骨玩類似我們丟沙包、或是打銅板的遊戲。爲了識別自己的骨頭，還會把骨頭漆成紅色、金色這些自己喜歡的亮色，可以識別，也是裝飾。

這是將近二十年前的事情了，如果順利的話，當年的蒙古孕婦如今早就英語、德語都嚇嚇叫，肚裡的孩子也上大學了吧？但幾乎可以確定的是，即使住在法蘭克福的高級公寓裡，她的口袋裡，一定還帶著那一包故鄉的膝蓋骨。每一個拿起來，都有著某一年在草原的蒙古包裡，跟全家人用傳統蒙古烤肉的方式，分食一隻獸的美好記憶。

「啊！我記得這個膝蓋骨，就是小弟出生那天，爸爸殺的那隻陪我們好多年的大羊，我們捨不得，全家人都流淚了。」

「你看！這顆小一點的，是我十八歲那年秋天第一次獨立獵到的鹿，做成肉乾後吃了一整個冬天。」

「最大的這個水牛骨，是伯父在蒙古新年帶來的禮物，這頭牛我們全家吃了整整一個禮拜才吃完！沒想到隔年伯父就突然生病走了……」

一個膝蓋骨。

兩個膝蓋骨。

三個膝蓋骨……

我可以想像，那些留下後腿膝蓋骨的動物，已經不只是食物的意義而已了。

34 是食物還是動物？

打開心胸，享受每一口因我們而犧牲生命、讓我們生命得以延續的食物，直到我與這些生命，完美地合為一體。

幾年前臉書的創辦人祖克柏（Mark Zuckerberg）的新年新計畫，就是立志如果要吃肉，包括水產海鮮，就得自己學習親手屠宰，而且只吃自己親手宰殺的食物，否則就不吃。

或許有人覺得這是有錢人窮極無聊的小把戲，但我卻一直覺得這概念挺有意思，也很真誠：記得食物曾經是動物，活生生的動物必須犧牲自己的生命，才能夠餵養我們的軀體，「自己動手屠宰」會提醒我們一再爲了自己的生命，而奪取別人生命的事實。

但生命跟食物的分界，有時卻因爲不同的文化、生活習慣，而在決定可以吃、不可以吃的界線上變得含糊。

這條界線上比較像是生命、動物，而不像是食物的東西，就變成我們旅行時，感到新奇甚至不解的重要經驗。

越南路邊攤隨處可見的雞仔蛋，爲什麼很多人會覺得吃還沒有孵化的小雞，比吃雞蛋或吃雞肉殘忍？

吃成年的牛、羊不殘忍，但是我在加拿大的農場，看到那些剛出生因爲先天畸形、或是性別不對（比如公獸長大後不能產乳），出生不久之後就要被殺掉做成特別鮮嫩的小羊排（lamb）、小牛排（veal），難道不比吃雞仔蛋殘忍嗎？

在泰國，走進全家便利商店零食區，也可以買到炸得酥酥脆脆的蚱蜢跟蟲蛹。

同樣是泰國，東北部鄉下認爲吃蜂蛹、螞蟻蛋「高級」、「滋補」的程度，跟台灣人吃蜂王乳、烏魚子沒什麼兩樣。

中國出名的「三叫」，吃活生生剛出世眼睛沒有張開的小老鼠，筷子夾起來時一叫，沾醬料時二叫，最後的第三叫就是送入唇齒之間的時候。

台灣人就像世界上大多數人一樣，對於日本少數漁民獵捕鯨豚的行爲口誅筆伐，但是日本人到台灣的夜市，卻發現台灣人天天都在若無其事地吃著日本人普遍覺得尊貴而讚嘆的「鯨鯊」，而且取名叫做豆腐鯊。

韓國人覺得吃狗是罪大惡極，吃貓也會上新聞，但是吃豬、吃魚卻不會。如果你問我，我也覺得寵物豬很可愛，庭園裡長期飼養的魚很親人，並不亞於貓狗。

美國印地安原住民吃「加拿大馬鹿」（elk）做成的肉乾，非洲有些部落吃大象肉曬成的乾，爲什麼我們會覺得比吃牛肉乾、豬肉乾殘忍？

聽到美國華盛頓州的農民，還吃「牛牡蠣」（Cow's Oysters），其實就是牛睪丸，兩顆煮熟了切片就夠全家飽餐一頓，台灣人大多會覺得作嘔吧！然而男人吃牛鞭，女人用胎盤素，卻覺得壯陽滋陰。

台北華西街夜市吃蛇不文明，傳統的東京淺草泥鰍鍋噁心，但是到台南吃炒鱔魚，到五星級飯店吃蒲燒鰻卻是美味，這中間的界線在哪裡？

第一次到四川看到當地人吃一鍋一鍋的麻辣兔頭，覺得很震撼，畫面很血腥。但是自己到了泰緬餐館卻必點雲南大薄片，也就是用豬的頭蓋骨上面削下來的頭皮，卻一點都不覺得殘忍，又是爲什麼？

四川人吃兔頭先握住小白兔的牙齒，把上下頜骨掰成兩半，然後就先開始吃肉最多的臉頰，接下來吃下頜骨的兔舌頭，上頜骨吃後腦勺裡的兔腦花，緊接著吃眼珠，還有眼眶旁邊的一些瘦肉。

仔細想想，其實拆解兔頭的原則跟波士頓人剝龍蝦的方法沒有太大差異，吃兔臉頰、兔腦，跟吃豬頰肉、豬腦，也沒什麼區別，至於吃兔眼珠跟兔眼圈肉，不也跟吃魚眼珠還有魚眼眶旁的嫩肉，異曲同工嗎？吃這些東西的人，憑什麼批評吃麻辣兔頭野蠻？

我到摩洛哥出差時，主人非常熱情地烤了全羊，不由分說就把最精華的羊頭給了我，羊眼睛直瞪著我，還張著嘴巴露出兩大排牙齒，似乎死不瞑目。眾目睽睽下大夥兒都期待我吃一口以後，露出美食節目外景主持人的讚嘆聲，當時心理壓力頗大，覺得沙漠游牧民族太過狂野。

但是我在冰島吃傳統料理烤羊頭（Svið），將羊頭從中間剖半，稍稍烤過毛以後再去熬煮，腦髓挑掉後上桌，甚至拿來醃漬，也做成羊頭肉香腸（Sviðasulta），挪威也有「燻羊頭」（Smalahove）這道菜，爲什麼我就不覺得殘忍？到底是因爲有對切一半，還是因爲感覺北歐人比較文明？

我在泰國路邊攤吃在台灣只會被拿來當成觀賞魚的七星飛刀做成的炸魚餅時，心裡想的並不是好不好吃，而是一條生命可不可以、該不該變成人類的食物，誰有資格決定？

祖克柏自己操刀，所以他可以自己決定。我可以嗎？

閱讀日本作家內澤旬子的《世界屠畜紀行》，書中娓娓道來她在韓國、蒙古、中東地區、峇里島、捷克、埃及、印度、美國，還有日本各地的屠宰觀察，我慢慢理解一件事：如果我沒有屠宰的能力，只有出一張嘴的能力，那就最好閉上嘴巴，靜靜地吃、不要浪費一點一滴感恩地吃，不要用自己粗淺的主觀意見，去評斷異文化飲食習慣的是非；打開心胸，享受每一口因我們而犧牲生命、讓我們生命得以延續的食物，直到我與這些生命，完美地合爲一體，能夠繼續快樂、良善，而且充滿意義地活下去，才不辜負這些從小到大，每一個爲了我活下來而犧牲自己寶貴生命的動物、和每一顆因我而碎裂的種子。

當我在加拿大北部的愛德華王子島拜訪朋友的農莊時，我看到出生不久，腿部先天畸形的乳牛，充滿好奇地跟農莊捕老鼠的貓玩耍著，但是要不了幾天，小牛就會成了市場上的小牛排肉，誰也不能改變牠的命運。

35

料理是一種修行

我終於明白，「吃」雖然從維持生存開始，然而吃的終極，並非只是為了追求極致的美味。

「輪到你了。」阿佑師傅從水裡抓了一隻又大又肥的明蝦，靜靜放進籃子裡，轉頭對我說。

我知道，這是他今晚給我的最後一個考驗。

他尖尖的下巴微微地指向水缸的另外一邊，有兩、三個年輕人，看起來也是餐廳的廚師。年輕人們的手放進水裡一攪動，原本安靜的大明蝦，突然都開始掙扎亂跳起來，把他們也嚇了一跳。

時間是半夜三點，我們在鬧哄哄的基隆漁港的批發市場走動看貨，每一個賣漁獲的魚販，都跟阿佑打招呼，誠實地告訴他今天有沒有好貨色。

「蝦子可以感受到人的心。心靜的人，手放進缸子裡，蝦子不會掙扎，乖乖地被拿起來；但是心亂的人，手一放進水裡，就會引起騷動。」阿佑師傅說。

眞的這麼神奇？我的心裡不免有著疑惑。

深呼吸了一口氣，我也緩緩地將手伸進水裡，蝦子們就像睡著了一樣。

「不能只選大隻，還要尾巴敞開的。」阿佑師傅嘴角露出欣慰的微笑，同時不忘叮嚀我。

就這樣，我們靜靜地細心挑選著隔天他的餐廳「常夜燈」要上桌的主菜。

每當我回台北的時候，喜歡到他沒有招牌、也沒有菜單的日本料理餐廳吃飯，經過阿佑師傅手下的食物，有一種難以形容的魅力。

他的菜是不花俏，如果一定要說特別在哪裡，我會說那是一個走過大江南北、見過大山大水的人，才做得出來的料理。在收起上一家餐廳，開這家餐廳之間，他跟著從小在泰國生長的老婆，慢慢在世界各地旅行了一年，不只尋找食物的滋味，也尋找生活的滋味，而這些味道，都灌注在每一道他親手烹調的料理中。

吃久了，阿佑師傅有時候會問我要不要收店以後跟他一起去基隆港買魚。我們總是子夜一點半出發，清晨四、五點扛著活蹦亂跳的各式鮮魚回店裡，接著阿佑師傅就要立刻做魚的準備、整理，一直到天亮了，才回家睡覺，下午起床以後又要準備開店。

有一回我去吃飯的時候，看到二廚紅著眼睛，一個大男人當眾邊料理邊哭，確實不是每天會看到的景象。

「怎麼了？」我偷偷問阿佑師傅。

「喔，我要趕他走，但是他不肯走。」阿佑師傅若無其事地一邊捏著壽司，一邊淡淡笑著說。

原來阿佑師傅有一個規矩，那就是二廚最多只能待兩年，要不另謀高就，要不就自立門戶，而這個優秀的二廚兩年的期限眼看就要到了，央求繼續留下來，卻被阿佑師傅斷然拒絕。

「世界這麼大，兩年在這麼一家小店夠了吧？待那麼久幹麼？」

「那阿佑師傅，你找到人接替了嗎？」

「沒有啊！完全沒有在找人。」阿佑師傅笑著說。「對的人自己會出現吧？」

「那沒找到人之前，你怎麼辦？」

「如果沒二廚就不行的話，就表示我沒有能力開餐廳，還不如關門好了。」他若無其事地說。

過了半個鐘頭，阿佑師傅又回到我的面前說，他過去開的每家餐廳，都是做個五、六年，就差不多該拉下大門去旅行了。旅行沒有特定的目的地，也沒有期限，邊走邊吃，走著、走著突然想停下來，或許就會再開一家餐廳，也或許不會。他的下一家餐廳或許還在台灣，也或許在泰國。

二廚離開以後，我當幫手陪阿佑師傅去基隆港買魚的次數，就頻繁一些。他有空就教我怎麼買到檯面上沒有擺出來的好魚，還有如何跟魚販建立起長期信任的故事。買魚全是現金交易，口袋厚厚一疊鈔票很快就剩不了多少。我從來沒看過阿佑師傅買便宜的次等貨色，也從來沒看過他討價還價，一次都沒有。

正因爲這樣，魚販會跟路過的客人大吹大擂，但卻轉過頭來誠實地告訴阿佑師傅今天根本沒有他看得上的好東西，別買。也會有魚販在陰暗的角落，默默提著一袋最好的魚追上來塞到他手上。

好貨只留給識貨的人。

阿佑師傅教我如何從看一個人抓蝦，知道對方的心性。他也提醒要時常跨出舒適圈，把自己放在現實中接受考驗。與其說他是廚師，還不如說他是一個透過料理來修行的人更爲恰當。

「好魚不多，或是人手不足的時候，只要吧檯十個人坐滿，我就可以說客滿了，有什麼難的？」阿佑師傅滿不在乎地說。

這家原本就沒有招牌的店，就算明天突然就大門深鎖，再也沒打開，這輩子再也不會見到阿佑師傅，我大概也不會覺得太意外。

咬了一口我們清晨從基隆港帶回來，尾巴像傘那樣打開的大明蝦，肉質鮮嫩而結實，美味極了。我想到在鬧哄哄的漁港邊選蝦時「一心不亂」的叮嚀，忽然間，我已經分不清阿佑師傅究竟是個喜歡旅行的壽司師傅，還是喜歡料理的旅人。

我繼續低頭一心不亂地吃，彷彿這是一個重要的儀式。

我終於明白，「吃」雖然從維持生存開始，然而吃的終極，並非只是爲了追求極致的美味，而是像父母爲離鄉背井的子女煮一頓家常菜那樣，把料理的人跟享用的人的心，透過食桌連結在一起的藉口。

Dream On 008
美食魂：全世界都是我的餐桌
褚士瑩——著

出版者：大田出版有限公司　台北市 10445 中山北路二段 26 巷 2 號 2 樓
E-mail：titan3@ms22.hinet.net　http：//www.titan3.com.tw
編輯部專線：（02）25621383　傳真：（02）25818761

如果您對本書或本出版公司有任何意見，歡迎來電

法律顧問：陳思成

總 編 輯：莊培園
副總編輯：蔡鳳儀
執行編輯：陳顗如
行銷企劃：張家綺
美術執行：賴維明
校　　對：黃薇霓 / 金文蕙 / 林惠珊

初　　版：2016 年 5 月 1 日　定價：300 元
國際書碼：978-986-179-448-8　CIP：427.07/105004322